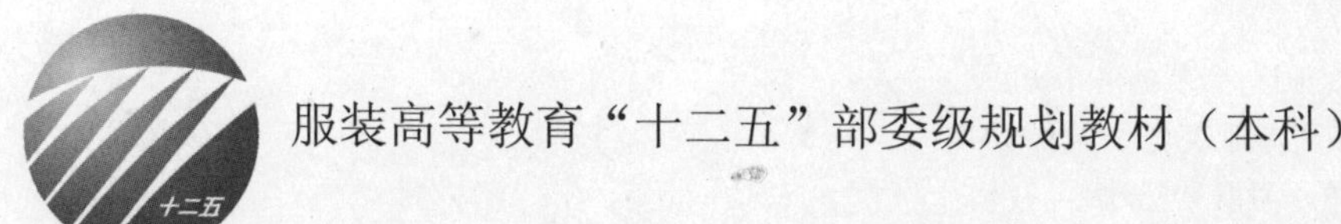

服装高等教育“十二五”部委级规划教材（本科）

THE ART OF COSTUME PAINTING

服装画表现技法

李明　胡迅　编著

中国纺织出版社

内容提要

《服装画表现技法》涵盖了服装绘画与表现的各个方面，以丰富的图例、简洁的语言告诉你服装画表现技法的“共性法则”。从对服装画的认识到怎样学习服装绘画、人体的基本形、比例动态，再到服装的廓型及服装工艺与细节的展示，服装色彩的搭配、面料肌理的刻画及工具的掌握，都用图例详细地描绘、演示，并以当今各国服装画风格与现代技法融为一体的代表作品作为借鉴。只要你依据本书循序渐进地学习，假以时日，你就可以寻找到自己表现服装的技法与风格。

图书在版编目（CIP）数据

服装画表现技法/李明，胡迅编著. —北京：中国纺织出版社，2012.6

服装高等教育“十二五”部委级规划教材. 本科

ISBN 978-7-5064-8445-9

Ⅰ.①服…　Ⅱ.①李…②胡…　Ⅲ.①服装—绘画技法—高等学校—教材　Ⅳ.①TS941.28

中国版本图书馆CIP数据核字（2012）第048396号

策划编辑：张　程　　责任编辑：张　程　　责任校对：余静雯

责任设计：何　建　　责任印制：何　艳

中国纺织出版社出版发行

地址：北京东直门南大街6号　邮政编码：100027

邮购电话：010—64168110　传真：010—64168231

http：//www. c-textilep. com

E-mail：faxing@c-textilep.com

北京雅迪彩色印刷有限公司印刷　各地新华书店经销

2012年6月第1版第1次印刷

开本：889×1194　1/16　印张：18.5

字数：195千字　定价：58.00元

出版者的话

《国家中长期教育改革和发展规划纲要》中提出“全面提高高等教育质量”，“提高人才培养质量”。教高[2007]1号文件“关于实施高等学校本科教学质量与教学改革工程的意见”中，明确了“继续推进国家精品课程建设”，“积极推进网络教育资源开发和共享平台建设，建设面向全国高校的精品课程和立体化教材的数字化资源中心”，对高等教育教材的质量和立体化模式都提出了更高、更具体的要求。

“着力培养信念执著、品德优良、知识丰富、本领过硬的高素质专门人才和拔尖创新人才”，已成为当今本科教育的主题。教材建设作为教学的重要组成部分，如何适应新形势下我国教学改革要求，配合教育部“卓越工程师教育培养计划”的实施，满足应用型人才培养的需要，在人才培养中发挥作用，成为院校和出版人共同努力的目标。中国纺织服装教育协会协同中国纺织出版社，认真组织制订“十二五”部委级教材规划，组织专家对各院校上报的“十二五”规划教材选题进行认真评选，力求使教材出版与教学改革和课程建设发展相适应，充分体现教材的适用性、科学性、系统性和新颖性，使教材内容具有以下三个特点：

（1）围绕一个核心——育人目标。根据教育规律和课程设置特点，以提高学生分析问题、解决问题的能力入手，教材附有课程设置指导，并于章首介绍本章知识点、重点、难点及专业技能，增加相关学科的最新研究理论、研究热点或历史背景，章后附形式多样的思考题等，提高教材的可读性，增加学生学习兴趣和自学能力，提升学生科技素养和人文素养。

（2）突出一个环节——实践环节。教材出版突出应用性学科的特点，注重理论与生产实践的结合，有针对性地设置教材内容，增加实践、实验内容，并通过多媒体等形式，直观反映生产实践的最新成果。

（3）实现一个立体——开发立体化教材体系。充分利用现代教育技术手段，构建数字教育资源平台，开发教学课件、音像制品、素材库、试题库等多种立体化的配套教材，以直观的形式和丰富的表达充分展现教学内容。

教材出版是教育发展中的重要组成部分，为出版高质量的教材，出版社严格甄选作者，组织专家评审，并对出版全过程进行跟踪，及时了解教材编写进度、编写质量，力求做到作者权威、编辑专业、审读严格、精品出版。我们愿与院校一起，共同探讨、完善教材出版，不断推出精品教材，以适应我国高等教育的发展要求。

中国纺织出版社

教材出版中心

前言

服装绘画是随着服装业的兴起、发展而形成的绘画形式之一，它是商业性的，但又具有很强的艺术性，而服装设计师也正向着概念艺术家转变。他们不仅仅出售服装，而且还向消费者展示一个充满想象与奇异的世界。服装绘画是时装设计师与时装插画师展现设计者梦幻、创意和想象的造型语言，是一门独特的视觉艺术形式。

服装或服装绘画作品蕴涵的文化，在一个信息化、知识化的经济社会面前，随着观念的革新、生活方式的改变在不断发生着变化，使得时装设计师和时装插画师的文化水准日益交融趋于多样化，他们共同营造出一种混搭又个性的服装文化世界。

服装绘画与纯绘画虽存在一定的差异，但在个人对形体、轮廓和色彩的诠释、多种技法的运用、表现上的“不择手段”，有感而发而又迁想妙得，以及在表现作者的情感、艺术的终极目标方面是殊途同归的。

李明　胡迅

2011年9月2日

目录

大卫·当顿

第1章 服装画概述

从敦煌莫高窟到近现代艺术——这些不同时期的艺术作品告知了人们着装的秘密。综观整个历史，不管哪个朝代，人类追求时尚的步伐从未停止过，他们的衣着成为社会的一面镜子。从达·芬奇的《蒙娜丽莎》到蒋兆和的《流氓图》，画中人物的服装，无不折射出那个时代的兴衰与风土人情。然而，从严格意义上来说，这些都不属于服装画。

服装画——是画服装的绘画。它虽借鉴其他的艺术元素，但它也有自己独有的艺术语言；它是一种表现服装设计整体造型、结构特征，融商业性、艺术性于一体的绘画形式；它也是时装广告宣传、推销和信息交流的一种形式及手段。

服装画艺术强调现代美感，它常常以简洁、明确且新颖的艺术语言来表达服装设计师的构思。

服装画艺术虽然是视觉传达艺术范畴内的一种绘画形式，但却又别于其他绘画的形式，有着自身的特点。一方面，它具有艺术观赏性，是服装设计师与服装绘画者个人艺术情感与风格的表现；另一方面，它又具有一定的实用性，能完整地表达服装设计的构思——款式、结构、面料质地、色彩、风格等，成为服装裁剪的蓝本。

根据服装画艺术的上述特点及其所具备的功能，我们可以将其分为两类：一种是时装插画；另一种是服装效果图。当然，二者间并不是泾渭分明的，当服装效果图具有相当高的艺术水准时便可转变成为时装插画，反之亦然。

我们虽将服装画艺术分为时装插画与服装效果图两大类，但并不能否定他们之间的共同点。二者都必须突出表现服装的着装效果，同时又必须具备艺术的观赏性和感染力。由于二者表现的侧重点有所不同，所以要求设计者根据不同需要来确定服装画的表现形式，以达到服装画艺术所要表现的目的。

服装效果图是表现服装设计构思的预想图。多以线条勾画，重点在表现款式的造型及结构，通常服装效果图旁边会贴有面料的小样，并配有文字说明；较细致的还会配有平面图的前片、后片，甚至侧面图。这需要设计师对服装的功能、构造、面料、比例、缝制工艺、附件、市场定位、流行等做全方位的思考、计划。服装效果图必需是绘图清晰、比例准确，并且是可制作的。

服装效果图

服装插画

学习要点与练习：

→→→→→→→→→→→→→

通过本章节的研读，了解服装效果图与服装插画之间的差异，让学生根据自己未来发展的侧重点确定对服装绘画学习的方向。

服装插画是富有感染力的一种艺术表现手段，需要运用作者的想象力和绘画的创造力，使得纸面上的线条和笔触极具个性，这对所表现的服装会产生深远的影响；它并不需要完整地展现服装，而是夸张、强调服装的形式美感，通过艺术的感染力引导时尚潮流，表现服装设计的个性特征与灵魂乃至思想内涵；它可以运用各种绘画手段、甚至数字影像技术等来实现。

第2章

怎样学习服装画

学习服装绘画，首先要解决两大问题。

（一）对人体美及人体形态的了解

了解人体解剖学的基本原理及人体的形体结构，一系列的观察与练习，通过真的人体写生或照片着装的人体形态写生，在理解服装人体比例的基础上能够描绘人体特征，并对服装人体形态进行比例的夸张与变形。

（二）服装设计表现

只有在理解服装的基本形——廓型，以及服装的结构、服装款式平面图及服装结构的细节，如褶皱、省道、服装装饰线服装结构线之后，才能在表达服装款式时运用自如，才能准确地描绘服装线条。

在解决前面两个问题之后，再通过临摹的方式来解决对服装画的感性认识。对于每一位初学者来说，只有去寻找自己喜爱的范本，通过看、临、背三道程序，才能逐渐掌握服装绘画的技巧。

2.1 临摹

学习服装绘画也可以遵循这样的方法——临摹。临摹有两种方式，即对临与意临。对临是依据范本，以人物动态、比例、款式、风格详细依样临摹；而意临是先仔细分析范本，注重整体风格的把握，然后根据自己的理解，背临下来。两种临摹各有特点，又互为补充。

临摹不是为了模仿，而是一种学习方法，通过临摹，学会观察，学习前辈的各种风格，特别是学习服装插画师、服装设计师们充满表现力的精神来激发我们的想象力。

这里选用的几幅服装绘画作品只是代表某几个服装设计师、服装插画师的绘画风格，用以让初学者熟悉各种表现手段和技法，并感受各种处理形式，构成和主题的各种方法手法。

2.2 慢写与速写

慢写与速写的造型训练，面临的是同一个问题。快与慢总是相对而言的，快写解决的是整体、概括、灵活的运用能力，培养对形的感觉和敏锐的观察力。而慢写解决的是深入、理解、细节的刻画能力，解决对物象的理性归纳和总结能力，两者相互补充。

无论慢写还是速写，首先要抓住形的动势关系及基本的造型，形体的结构与透视变化及线的穿插关系。要大胆落笔，小心收拾，稳、准、狠是速写的三大要点。

画速写是眼睛与手的配合高度集中的活动方式，作者最初面对对象所感受到的整体鲜明印象，在头脑中会形成基本形态的构架。

速写着重反映头、胸部、骨盆之间的穿插和透视变化所构成的整体动势美，速写表现出线条美与运动活力，重点在于要画出形体各部分的特征、连贯性和节奏感。

通过临摹、慢写与速写的训练，你会发现你的作品与大师的作品仍然有着相当大的距离，但你不必担心，这些现象在学习服装画初期是难免的。大师的作品是经过多年的练习和努力才达到我们所看到的效果，只有自己锲而不舍，经年努力才能达到理想的目标。

学习要点与练习：

有经验的造型艺术家都知道，唯有解决了造型，才能依据形的语言得心应手地表现自己的设计思想，而解决造型能力，没有它法，在才智不缺的情况下唯有两条途径能解决：一是临摹，找出自己喜爱的风格，通过大量临摹、默写、创作，循环进行；二是速写，且速写与慢写交替进行。虽说艰苦，而唯有如此，持之以恒，坚持不懈，才能达成目标。

第3章

服装人体造型

服装设计，实际上也是“人体包装设计”，只有对人体的造型、结构和各部位的比例及运动规律有了切实的了解和掌握后，才能更好地为人体进行“外包装”。

服装款式是通过人体的动态来表现的。千型万款的服装造型和服装结构特征，需要通过不同的动态来表现。譬如该服装设计的重点部位在前面，则要选择一个正面或$\frac{3}{4}$侧面的姿态来表现；如该设计重点在后面，则要选择一个背面的姿态来表现，因为服装画的目的在于充分地表现服装的款式。

研究人体结构、画好人体动态是服装画的基础。传统人体绘画强调人体的自然形态，而在服装绘画艺术中常常削弱自然形态，展示的是理想中的女性美。例如绘画者笔下的人体表现的是自然体形，富有个性，丰乳、肥臀；而服装绘画者笔下女性人体与真实的女性人体比，有着修长而苗条的体态，细腰、窄臀。两种手法代表了传统艺术与服装画人体的差别。服装人体的绘画以简洁、概括为准则，它的形象特征应该是兼具典型性和理想化的。下面的章节主要介绍男女人体的基本型，人体描绘的步骤、动态及重心线、前中线，脸、手等专题，我们将学习服装人体的基本型与比例及常用服装画动态，只有完全理解这些原理，并熟练付诸于笔端才能使得这些人体动态对你有用。脸部、发型、手以及脚的刻画也必须与服装画画法相匹配，使其起到一种陪衬作用；同时，还必须符合服装画风格的整体要求。

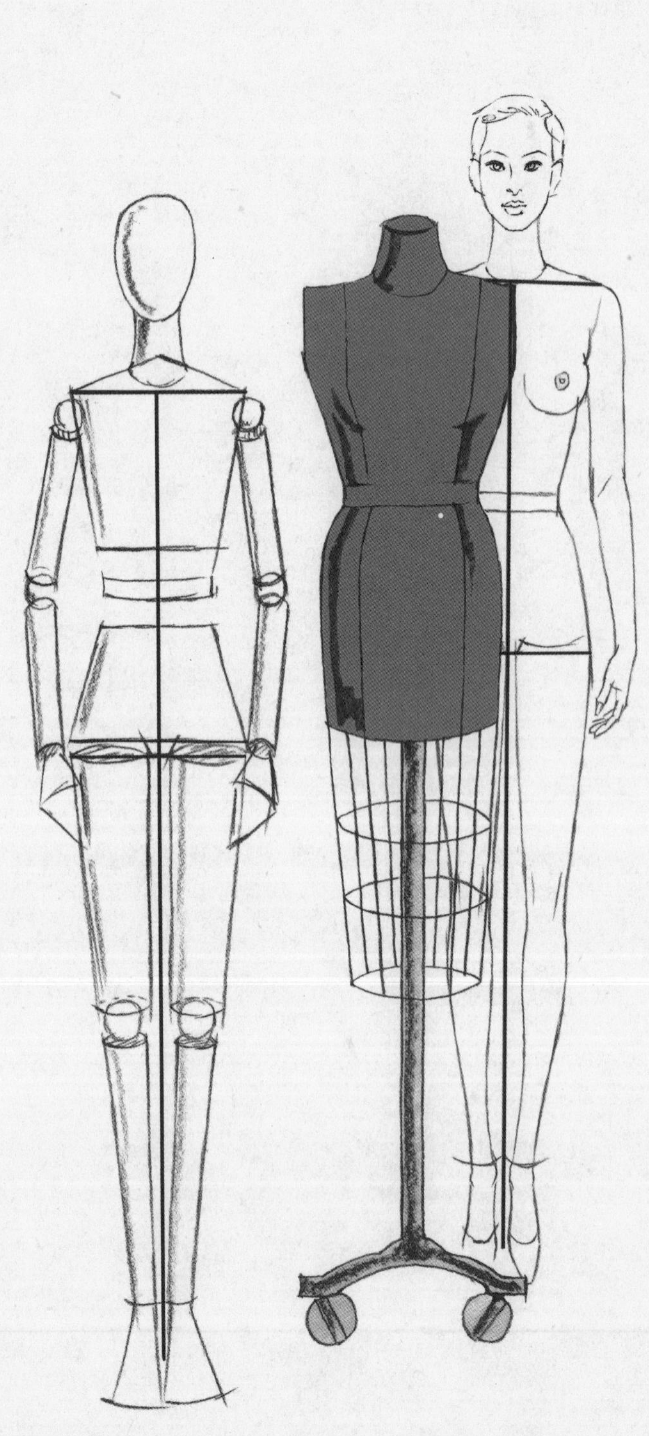

3.1 人体基本型

人体由上、下两部分组成，上半部有头、颈、躯干、臂、手，下半部有腿、脚。为了便于理解，我们把头、胸、骨盆简化为三个几何体：头为蛋形，胸、骨盆分别为倒立、正立的两个梯形体，肩膀和骨盆的关系简化为两条横线，活动量最大的脊椎骨简化为一条竖线，简称“一竖、二横、三体积”，这对研究、掌握人体的结构与动态有一定的帮助。

为了更好地了解人体结构，我们将人体的基本型概括成不同的几何形。

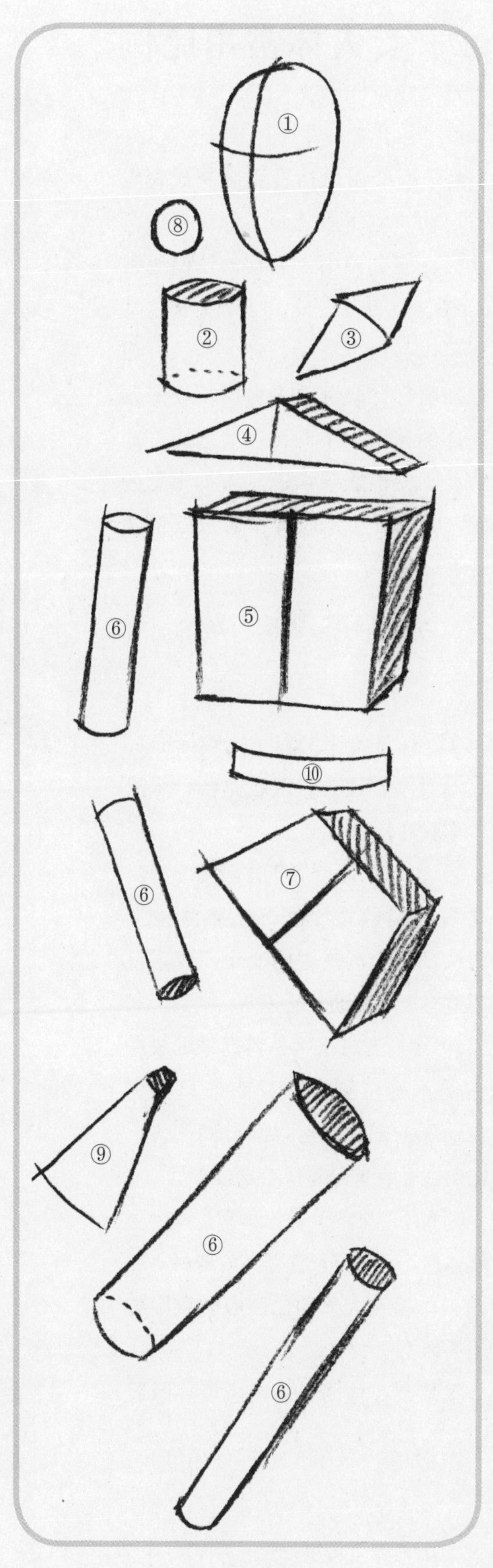

① 头——蛋形

② 颈部——圆柱体

③ 手——菱形

④ 肩——等腰三角形

⑤ 胸部——倒梯形

⑥ 四肢——圆柱体

⑦ 骨盆——梯形

⑧ 关节——球形

⑨ 脚——锥形

⑩ 腰——长方形

3.2 女人体常用比例

由于服装画风格及服装款式表现的需要，决定了服装画人体比例的多样性。在服装画中，人体的比例通常为8个头长、9个头长、10个头长，甚至还可以是11个头长、12个头长。通过增加腿部、颈部及手臂的长度来改变人体的比例，不同比例的选用，其目的在于突出服装，满足人们视觉的需求，具体比例应按照服装款式的实际要求来确定。

① 8：1的比例属于比较标准、平易温柔型，适合表现职业装、休闲装、军服等。

② 9：1的比例属于比较理想型，是将视平线放在腰线，从腰线往上看，头部就会因透视的变化而变小，主要适合表现裙装、礼服等。

③ 10：1的比例是将视平线放在膝盖的水平位置，这样头部显得更小，而脚的部位就可以画得稍大些。此比例适合表现晚礼服、婚纱等。

时尚画笔下的女性人体常常是削弱自然体态，有着修长而苗条的身材，理想的美，服装人体的比例应随着服装款式的风格而变化。

服装画人体的目的是为了展示服装。

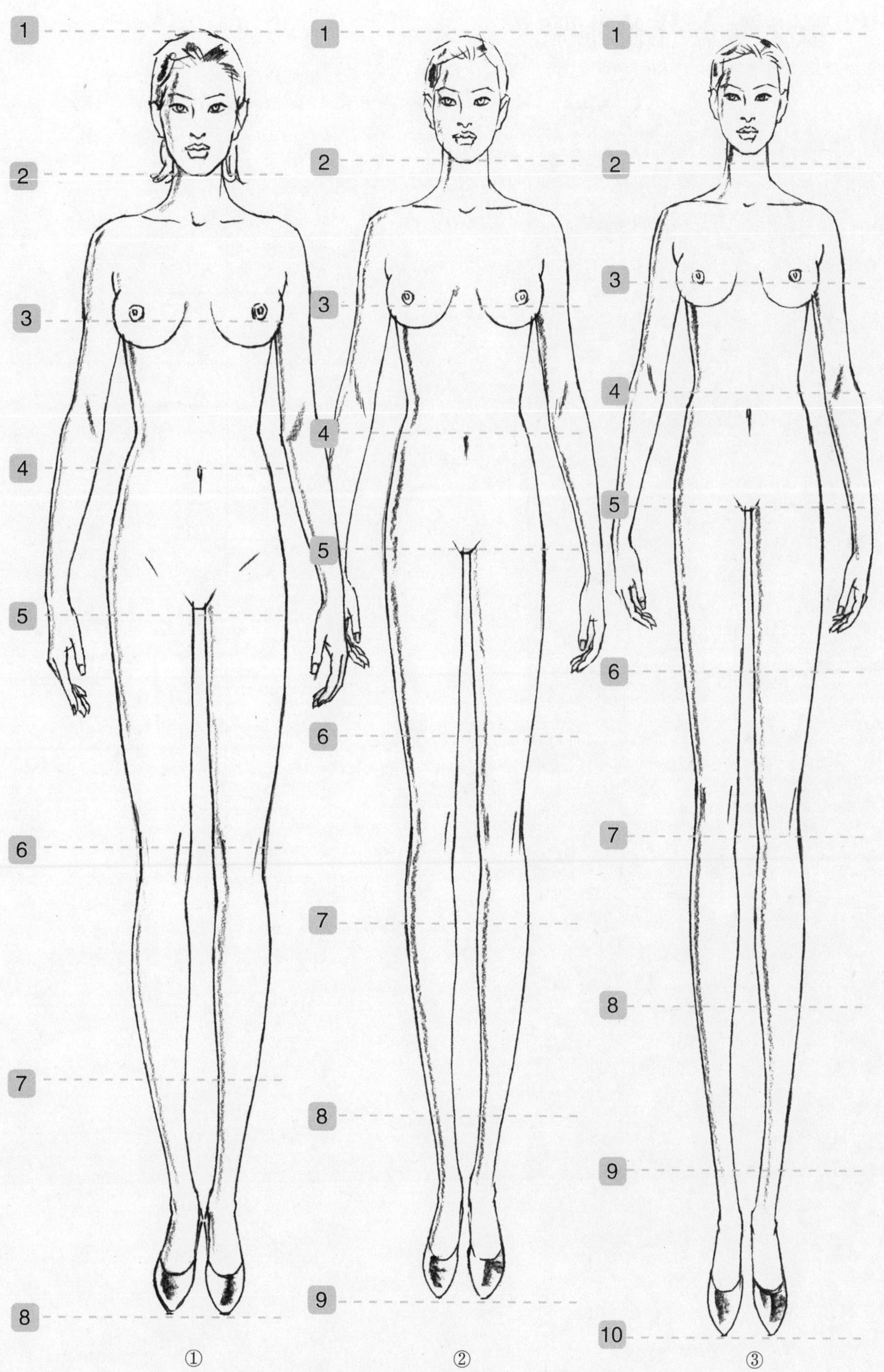

① ② ③

3.3 女人体的描绘步骤

我们以九头长的时装人体进行比例分割。

①首先确定上下两端，画出一条垂直线也可称之为比例线，从顶端开始0～9，在横线1与横线2的$\frac{1}{2}$处标出颈窝的位置并画出肩线；在横线4处画出臀围线；在肩线与臀围线$\frac{1}{2}$处画出前中线，注意前中线始终垂直于肩线与臀围线。

②依据前中线与臀围线的交点4，将人体分为上半身4个头、下半身5个头，并画出头部的蛋形。

③根据两横（肩线、臀围线）、一竖（前中线）画出二体积（胸廓的倒梯形、骨盆的梯形）及肩部的等腰三角形、颈部的圆柱体，并根据动态的特征需要，画出另一边不受力的腿部，以及确定手臂的动态姿势，画出手臂的圆柱体及手与脚的外形。

④根据以上确定基本形的动态，然后在关节处定好点，并与之相连完成雏形图，再做整体调整，画出面部、手和脚的细节。

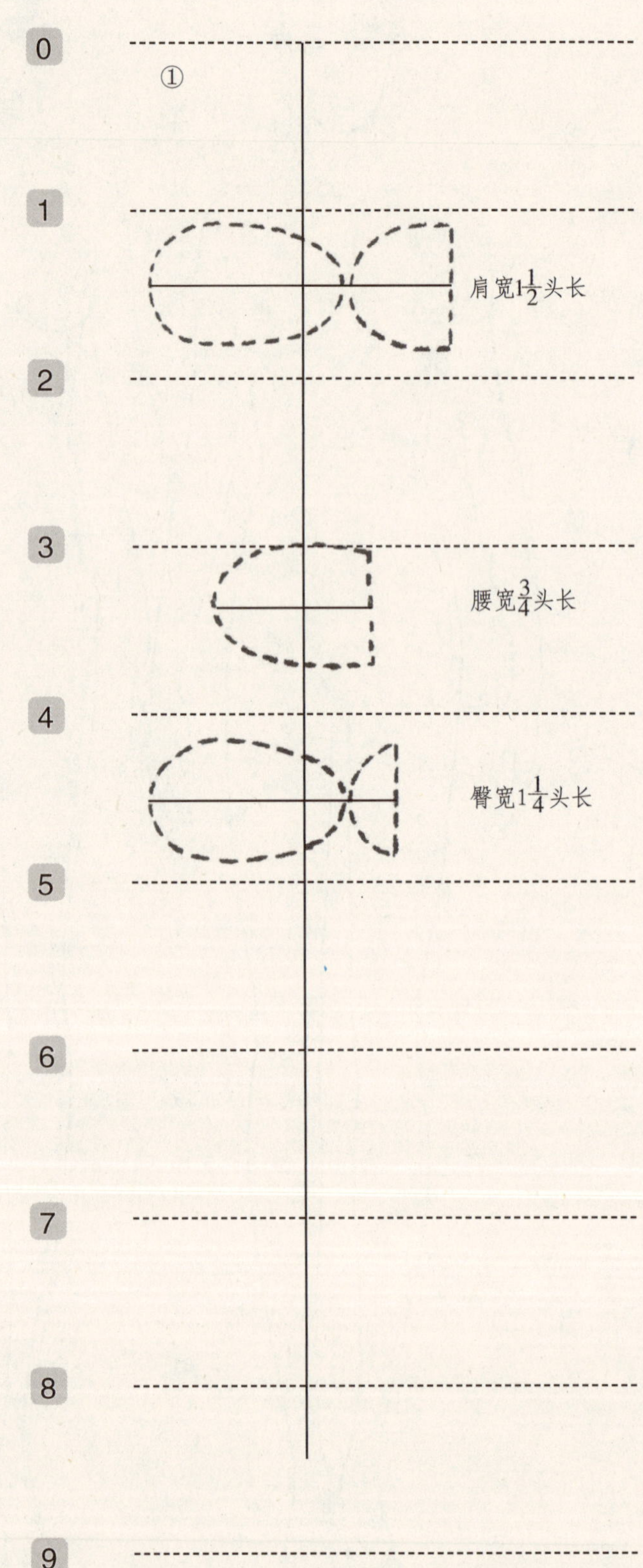

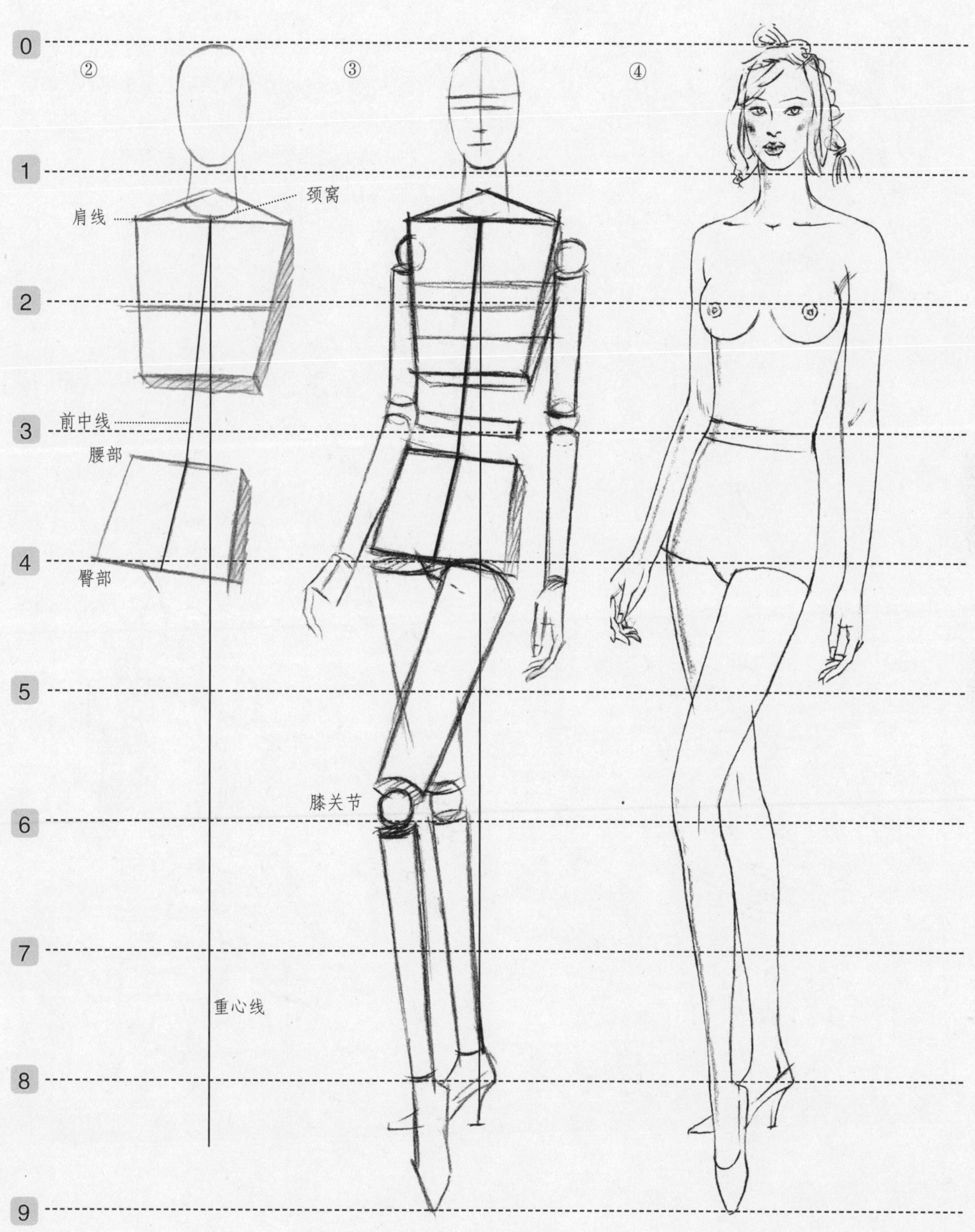
0
1
2
3
4
5
6
7
8
9
②
③
④
颈窝
肩线
前中线
腰部
臀部
膝关节
重心线

3.3.1　手的画法

手是由手指和手掌组成的，手的长度为一个头的长度，手指的形状近似长方形，手掌的形状呈上窄下宽的扇形，手指的关节都在弧线上，手指上粗下细。女性的手纤细而柔软，指甲略尖，画手指时线条要圆润流畅；男性的手关节较明显，棱角分明。

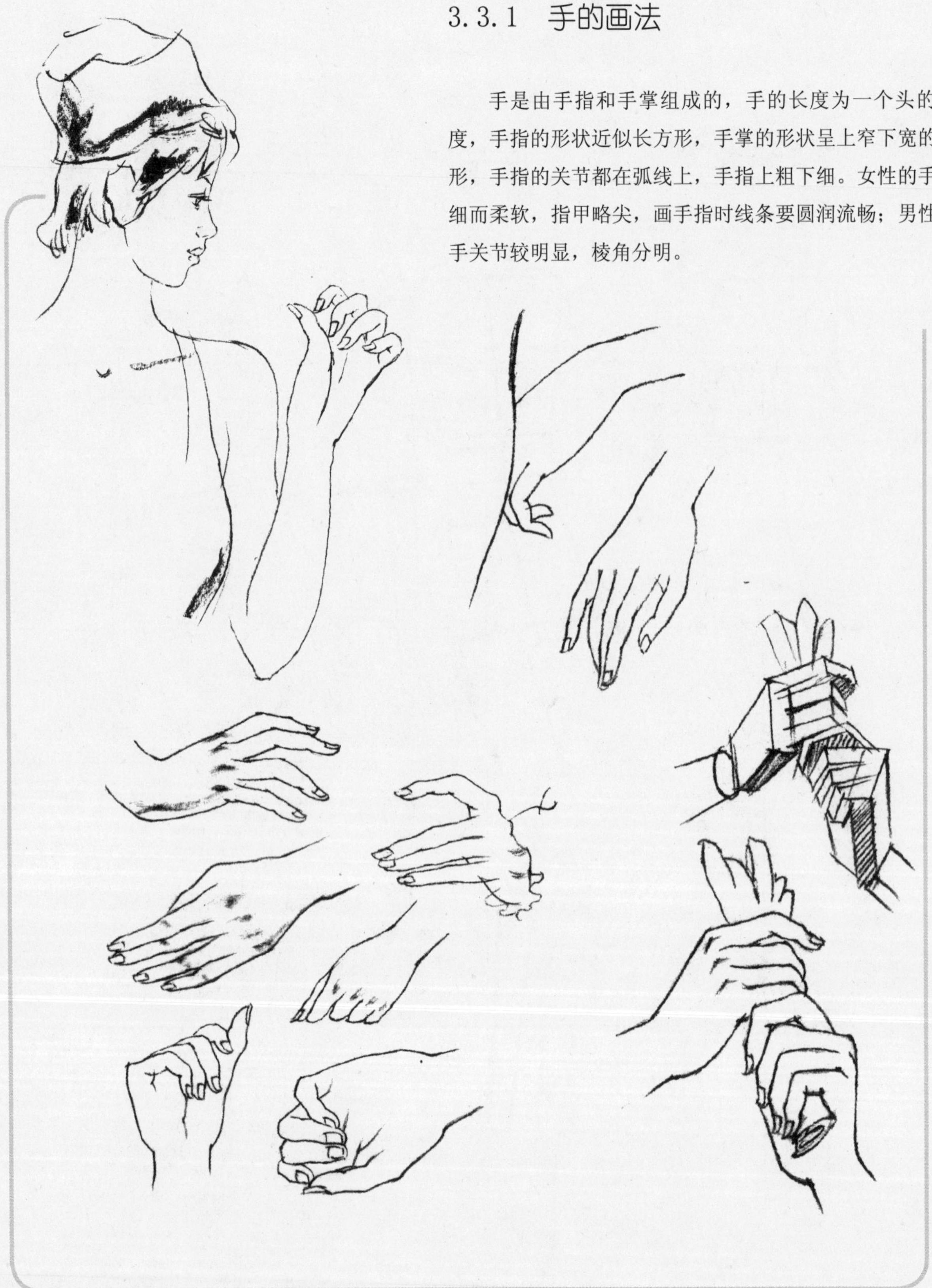

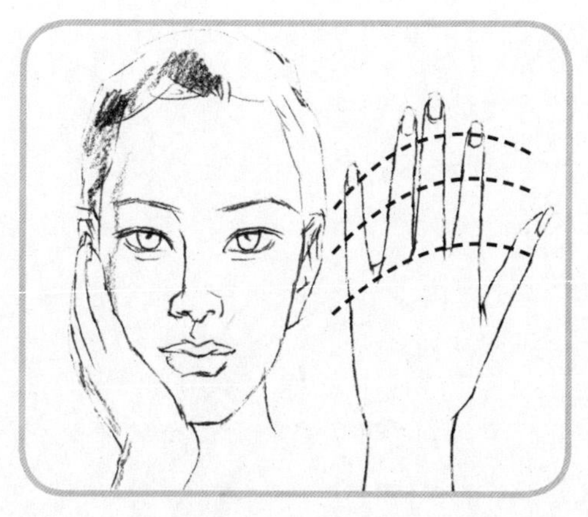

手的描绘步骤:

①先画出基本型，想象手是立体的，并标上弧线，以确定手指的关节部位。

②用纤细圆润的线条刻画手部，注意腕关节及手指的外形。

③手的简略画法。

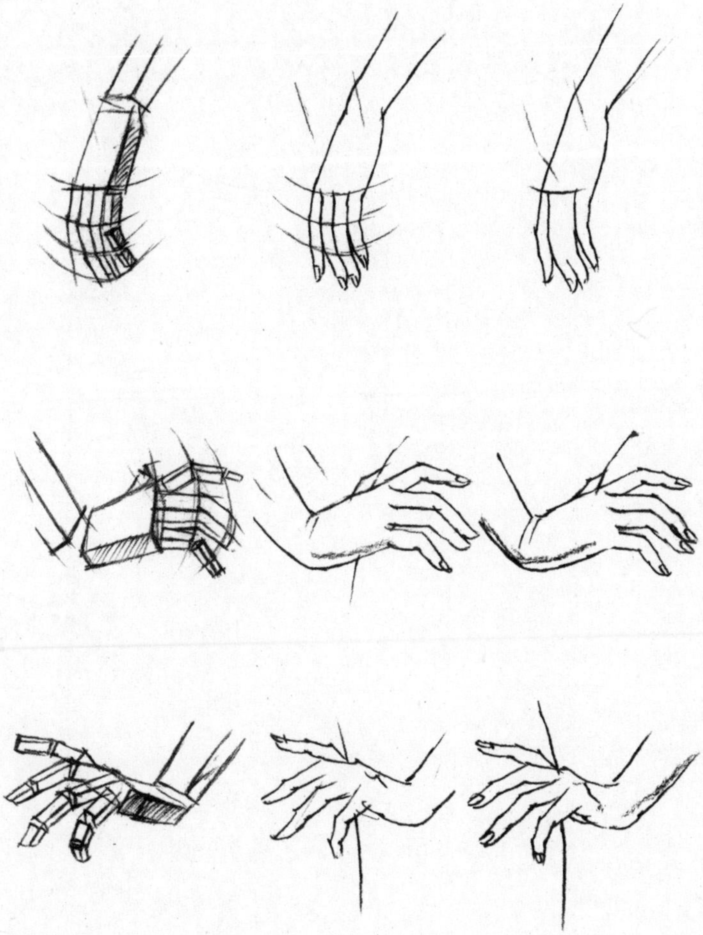

① ② ③

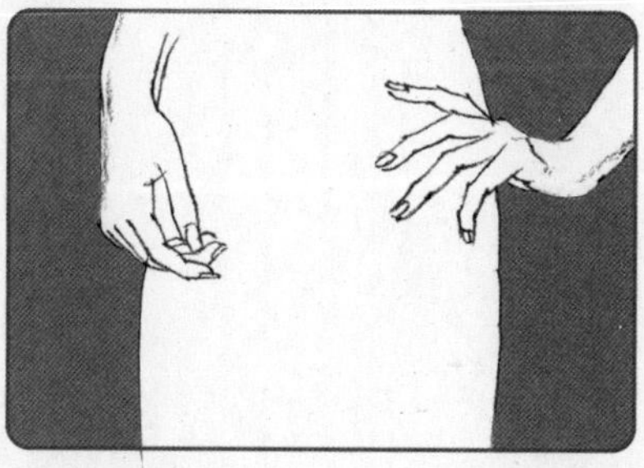

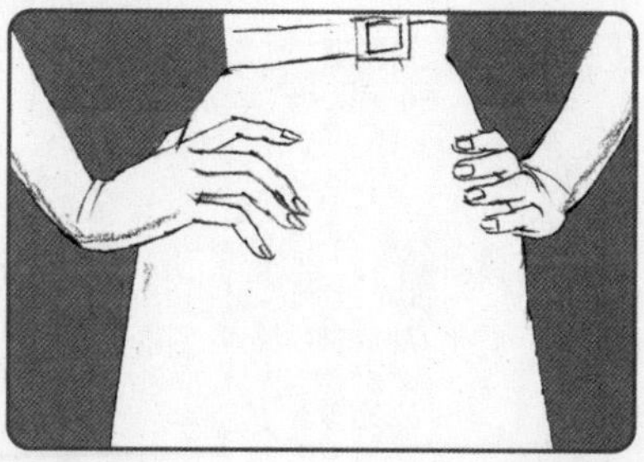

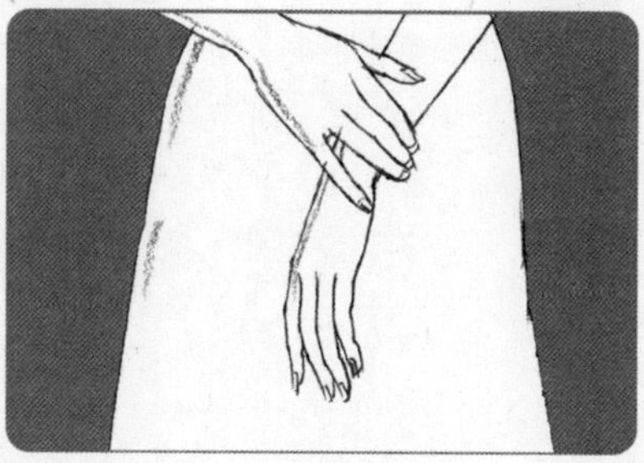

服装画中手型描绘要适度夸张，手指刻画得略长为宜，不要把手画得太小，刻画时要简洁概括，着重于整体姿态的表现，而不是去表现具体、细微的结构。不要只把手掌看做一个单元，还要考虑手掌、四指、大拇指等独立部分。

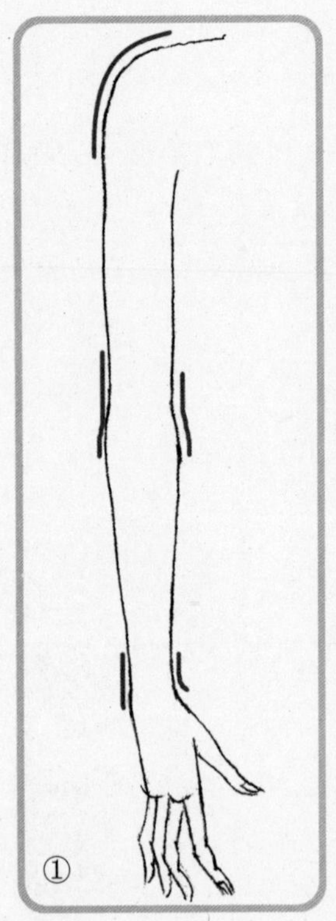

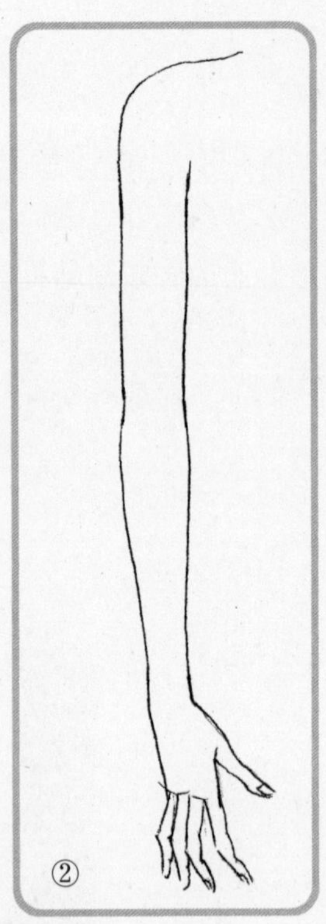

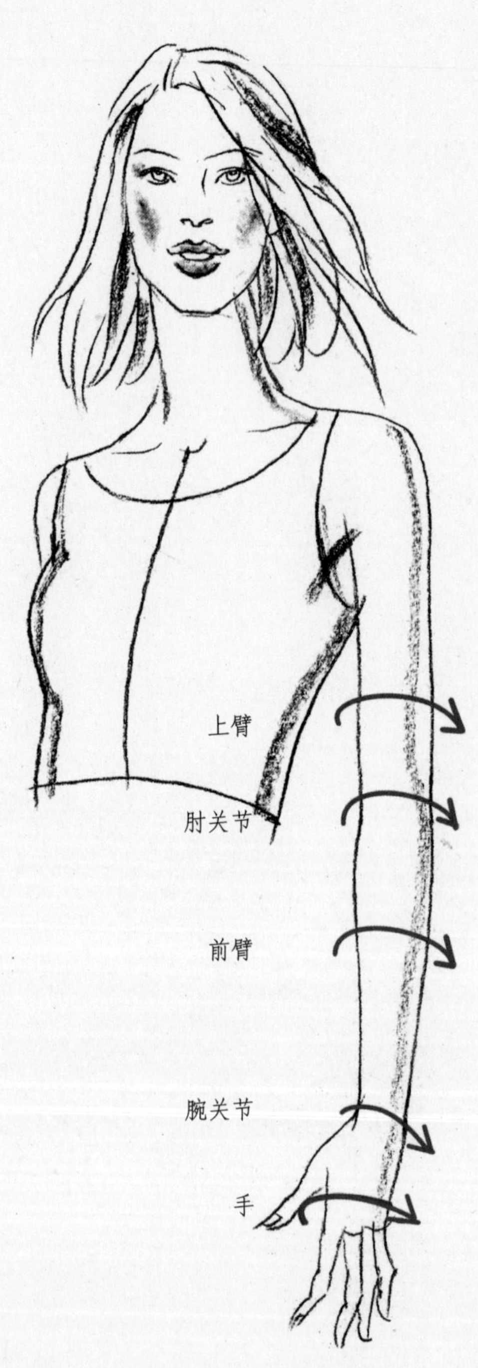

3.3.2 手臂的画法

手臂由手、前臂、上臂组成。自然状态时呈现弧度。手臂从肩部开始，有四个部分：上臂、肘关节、前臂、手。

手与前臂交接的地方为腕关节，动态刻画要特别注意。在画手臂时用线要圆润，简化肌肉与关节。上臂与前臂的长度相同，利用手臂处形成的自然曲线做肘部与腕部的练习。

手臂透视画法:

手与臂是由手腕连接的，由腕骨作为过渡。在外形上，手腕的变化不太明显，但是如果忽视了它，那么手和臂的关系就不能自然地描画出来了。由于前臂的转动带动手掌的反转，所以手部姿态的变化离不开手臂的运动变化，同样也离不开手腕的运动。

总之，手臂的放平、内外弯曲是由手腕带动的，而手在方向上的变化是由前臂的转动带动的。

透视是一种视觉现象。当你在画有动势的手时，画面上表现出来的是视觉引起的形体变化。

当你发现手臂长短不一时，这说明画者视平线的远近有差异。

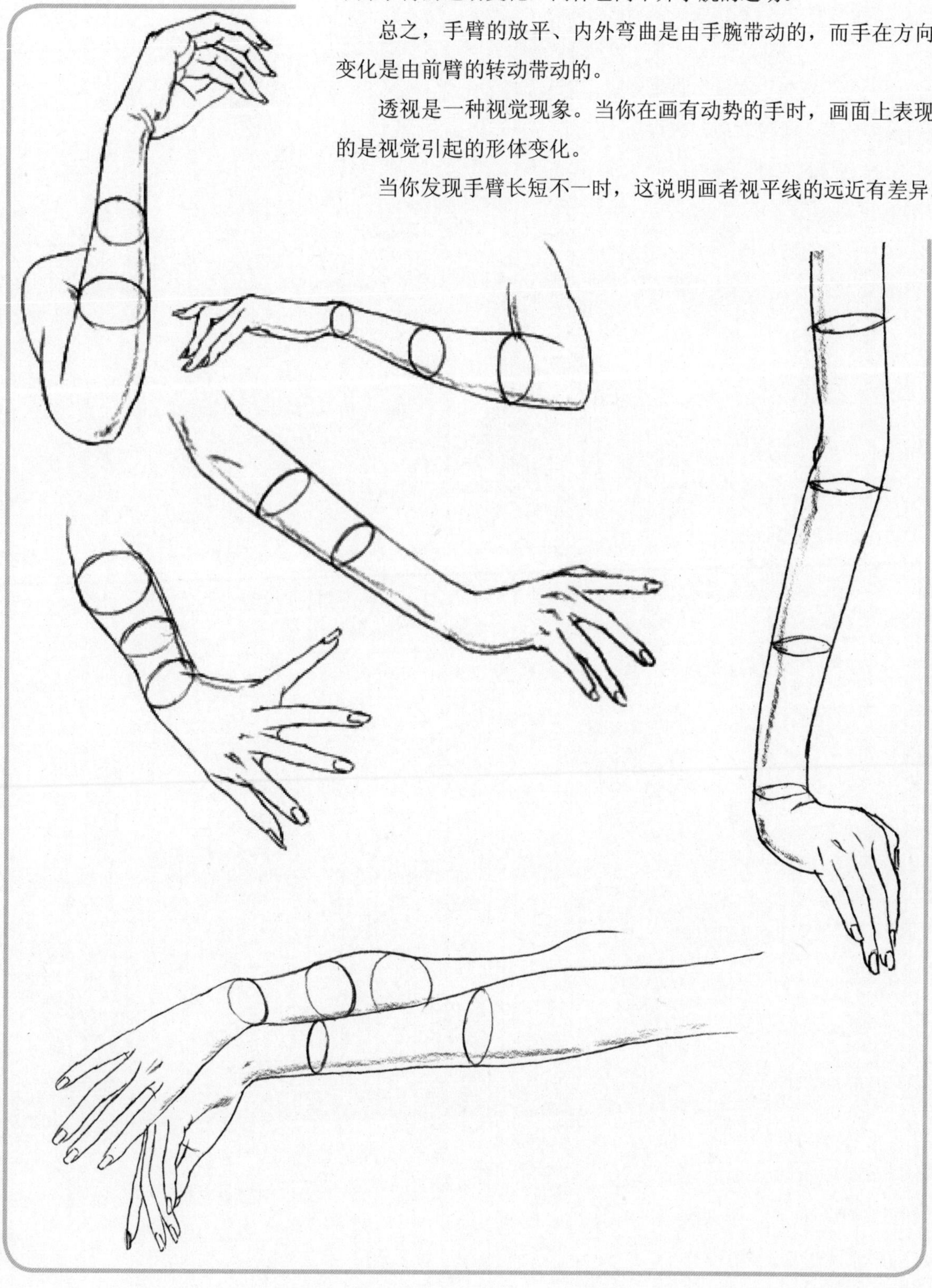

3.3.3 脚的画法

脚是人体站立及各种动作的支撑点，只有正确描绘脚的姿势，人体各种优美的姿态才能得以体现。从造型上看，可以把脚分为四部分：胫骨、脚骨、脚跟、脚趾。在画脚时，要注意脚的内侧较直，外侧较斜，内踝高、外踝低，而脚趾关节的斜线却是外高内低。服装画中，脚的长度接近头的长度，并可以略加夸张，以显示出脚型的修长窈窕。

脚的各个部位关节不能过分强调，而要描绘得柔和、概括。

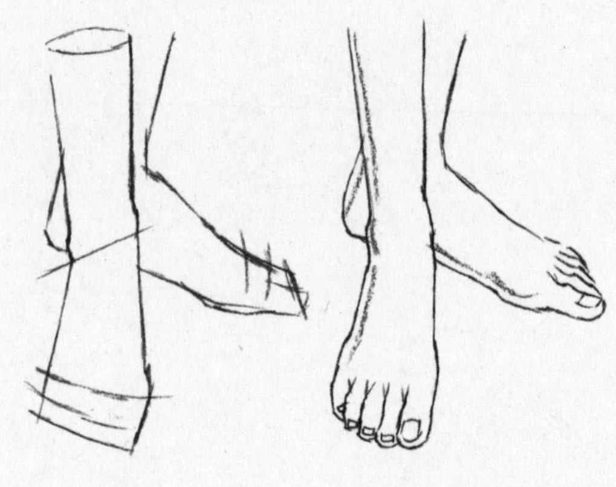

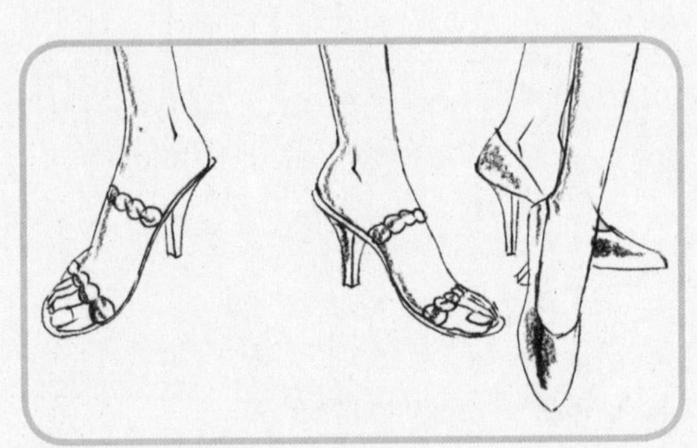

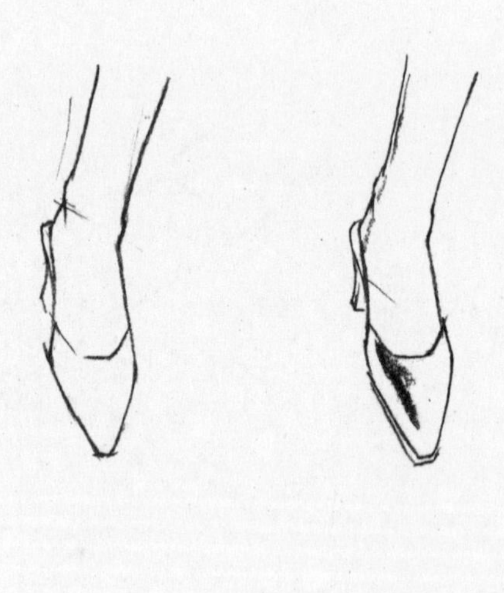

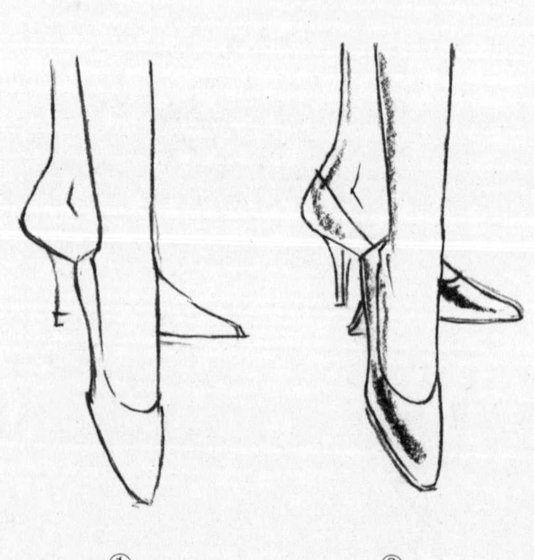

①　②

透视是由于观者位置远近的不同而造成的视错觉。这种视错觉将改变人体的形态，同时它也是了解和学习人体服装画的重要内容。

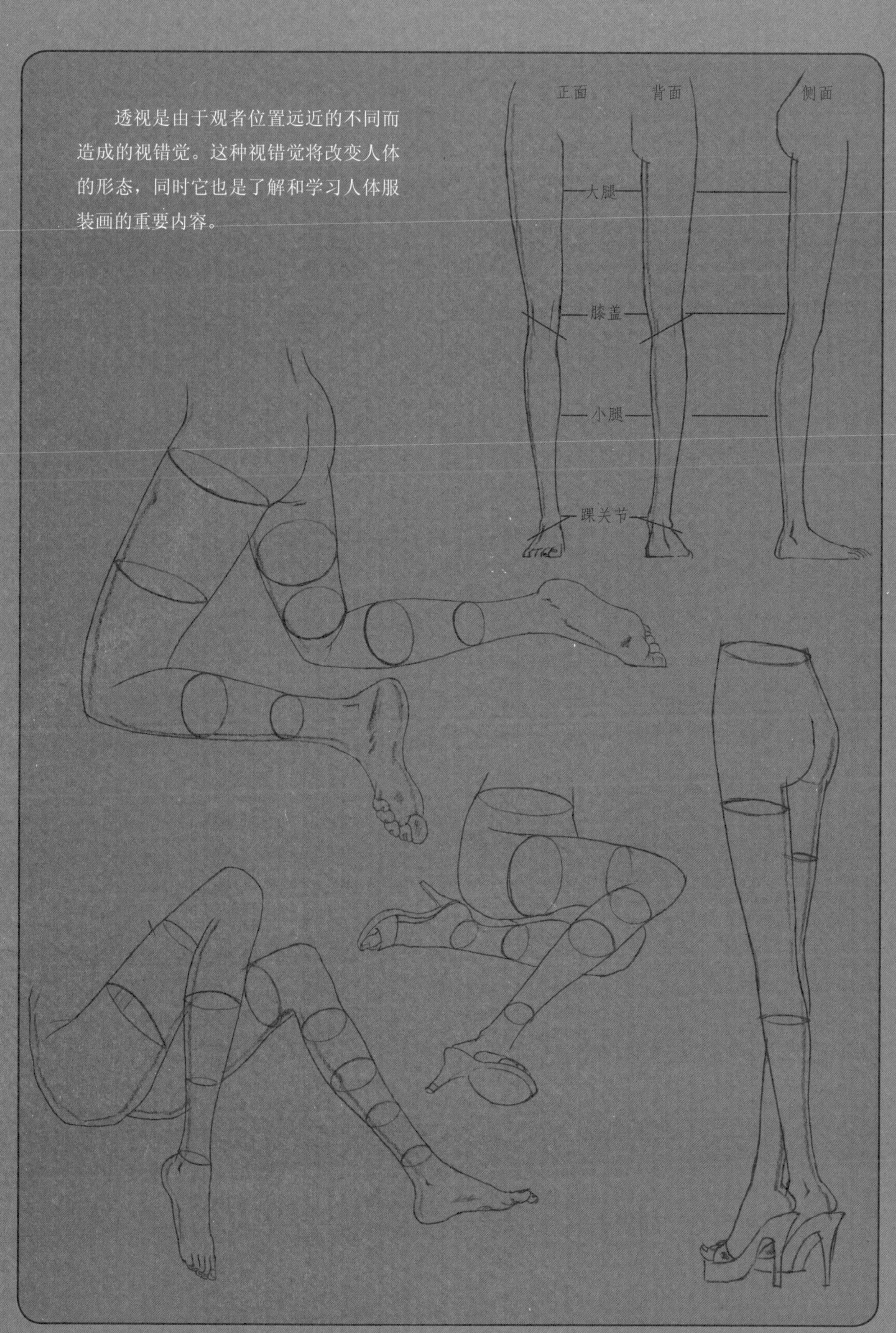

3.3.4 腿的画法

人站立时，无论从正面还是侧面来看，它的轮廓都不是垂直的，从大腿、膝盖到小腿，是由几个不同倾斜度的侧面结合起来的，这种特点会影响到裤子的褶皱。特别是小腿与脚相接的位置，要注意内踝高、外踝低，并要注意透视的变化。

人体优美的动态主要依靠腿部的运动。恰当地描绘出修长、美丽而健康的腿，能使服装画倍增魅力。在描绘女性的双腿时，应以圆润的曲线来描绘，小腿腿肚的起伏线以及脚踝，都是表现腿部美感的关键部位，不要过于强调腿部关节。

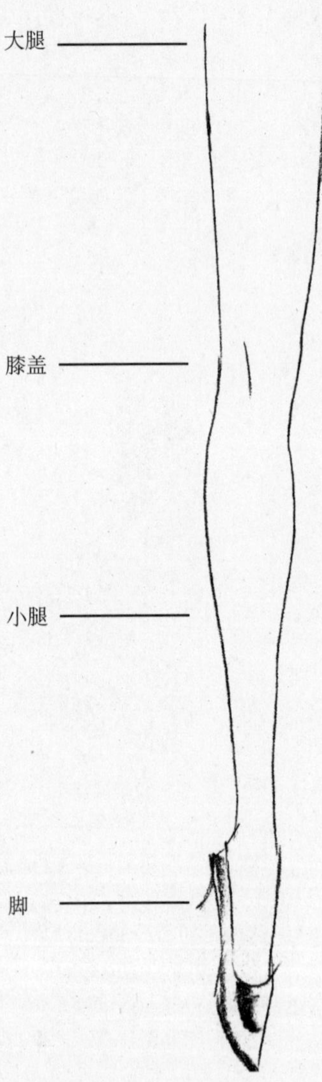

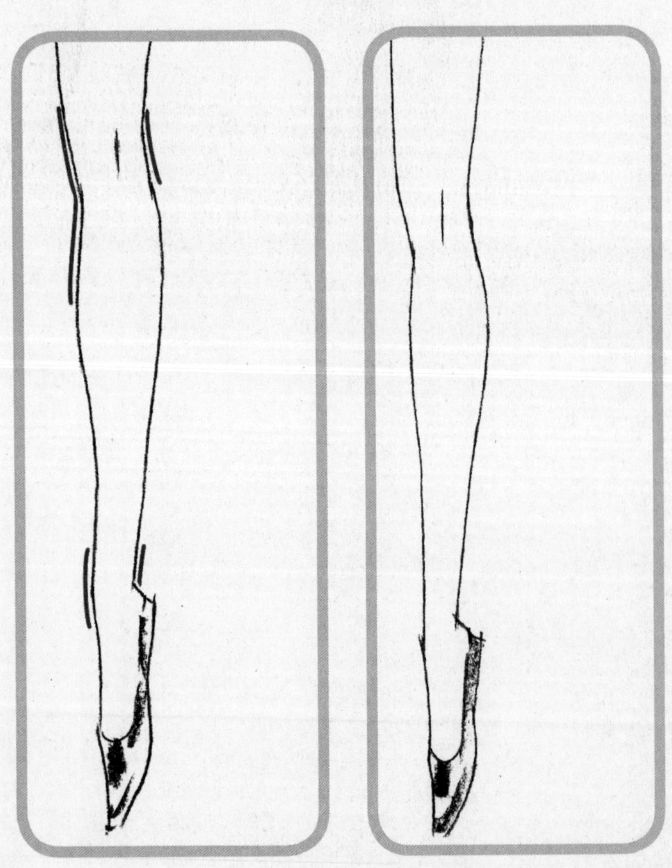

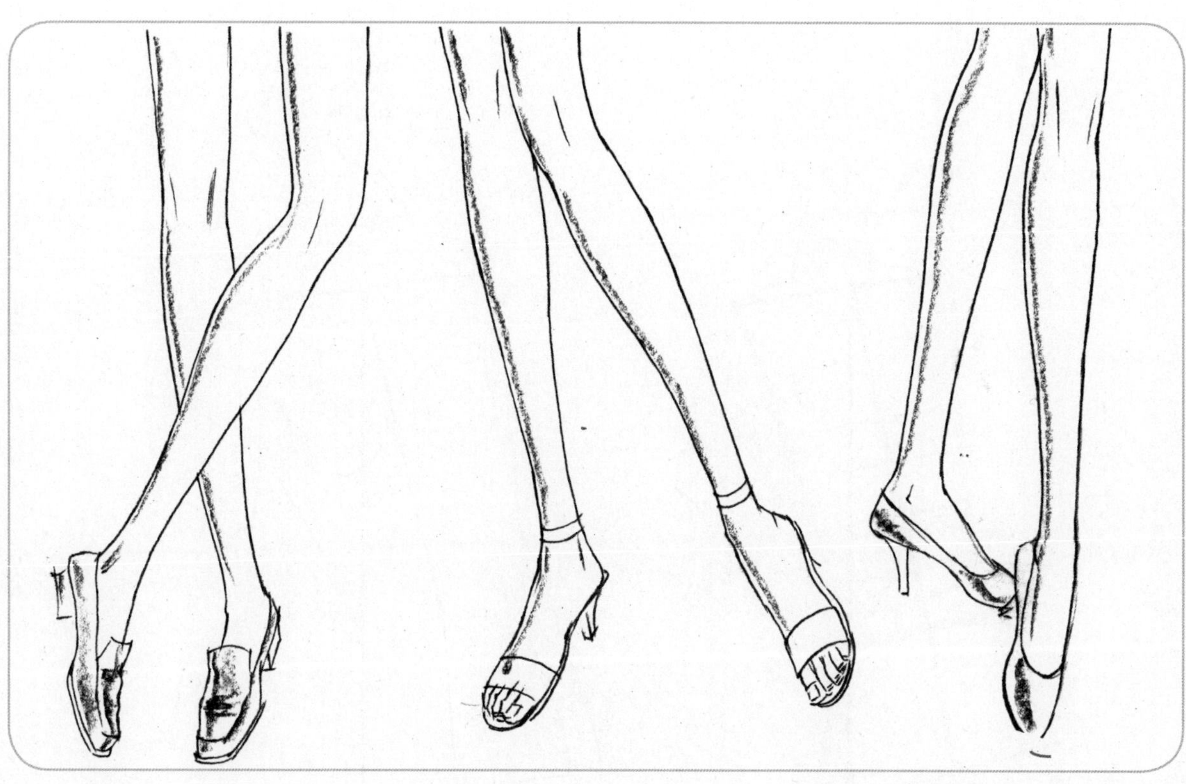

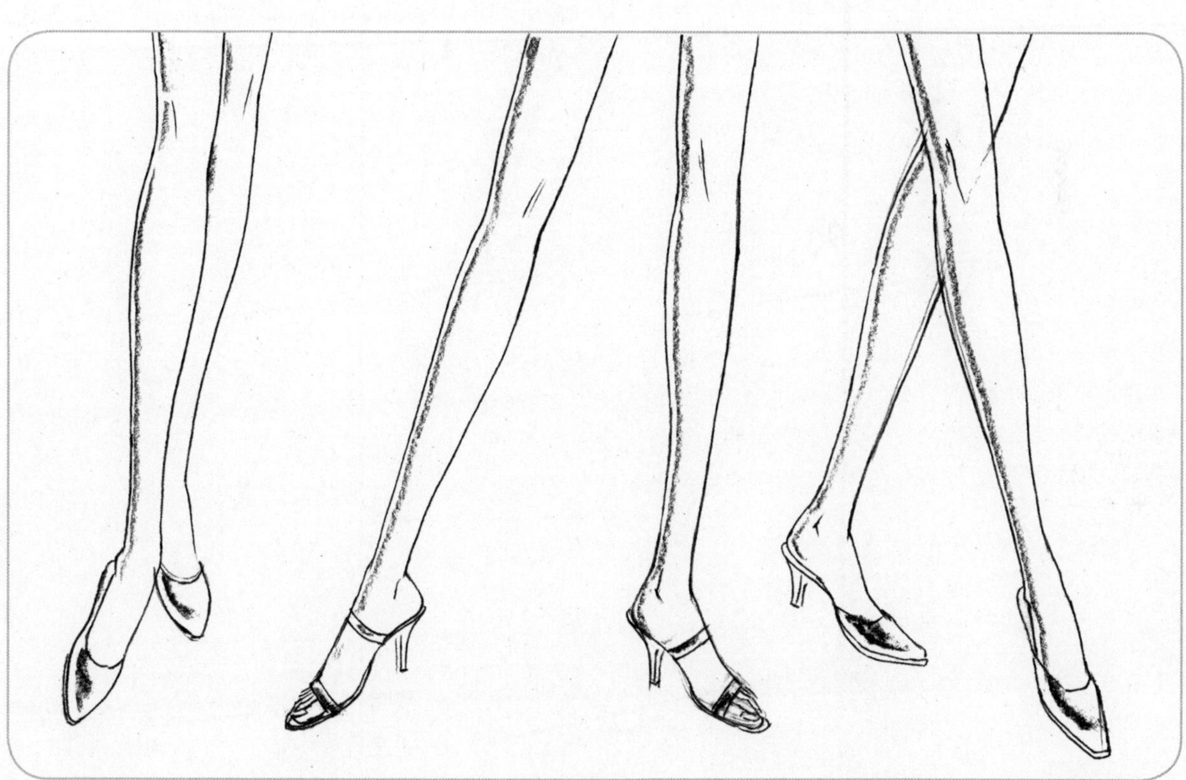

腿的姿势

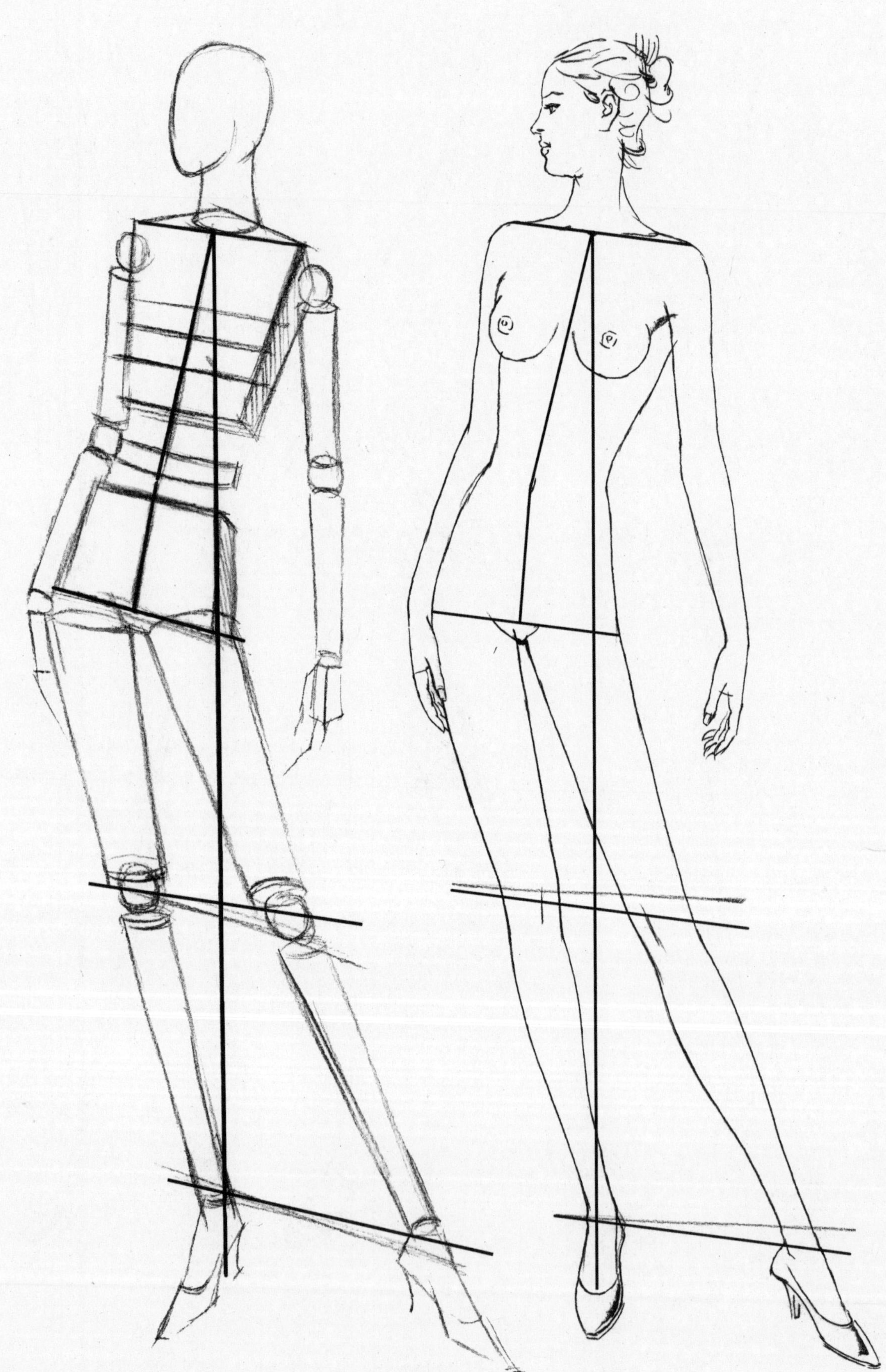

3.3.5 重心线与动态

重心线：指从颈窝往下垂直，穿过人体到达地面的垂线。研究人体动态，首先必须了解人体的重心及重心平衡规律。所谓重心是指人体力量的中心，重心线是指通过人体重心向地面所引的一条垂直线。事实上，人的所有动作都离不开这一重心平衡规律。

平衡：平衡是反映人体重量的均衡分配，平衡是人体保持动态稳定的生理机制。如果将人体画的失去平衡，那么人体就有要跌倒的感觉。各种不同的动态姿势都必须建立在平衡的基础上。当人体处在正立姿势时，重心分配到双足之间，肩线与臀线是平行的，人体的重心保持了平衡。当人体的重量落在一只脚上呈放松状态时，承受重量的脚正好在颈窝的正下方，受力的腿的一侧骨盆向上倾斜，肩的横线则往相反方向倾斜，躯干的前中线也随之变化，于是使身体的重心在偏移中得到了平衡。各种不同的平衡状态，才让人体的动态表现出千姿百态。在服装画中，动态是很重要的。因为恰当的人体动态能充分地展现服装设计的意图、服装的款式以及服装的风格。服装画一般是根据服装来确定人体动态的。常用的着装人体动态主要有正面的站立姿势、$\frac{3}{4}$侧面、侧面的站立姿势。这些基本动态也是设计师和服装画绘画者经常采用的姿势，因为它们能够较完整地表现出服装的款式。

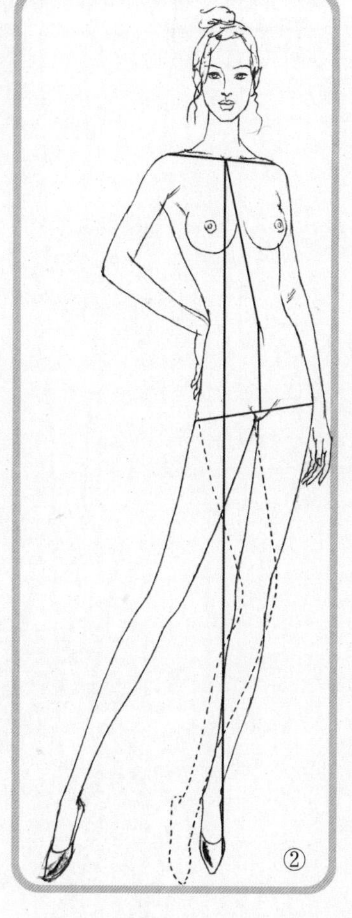

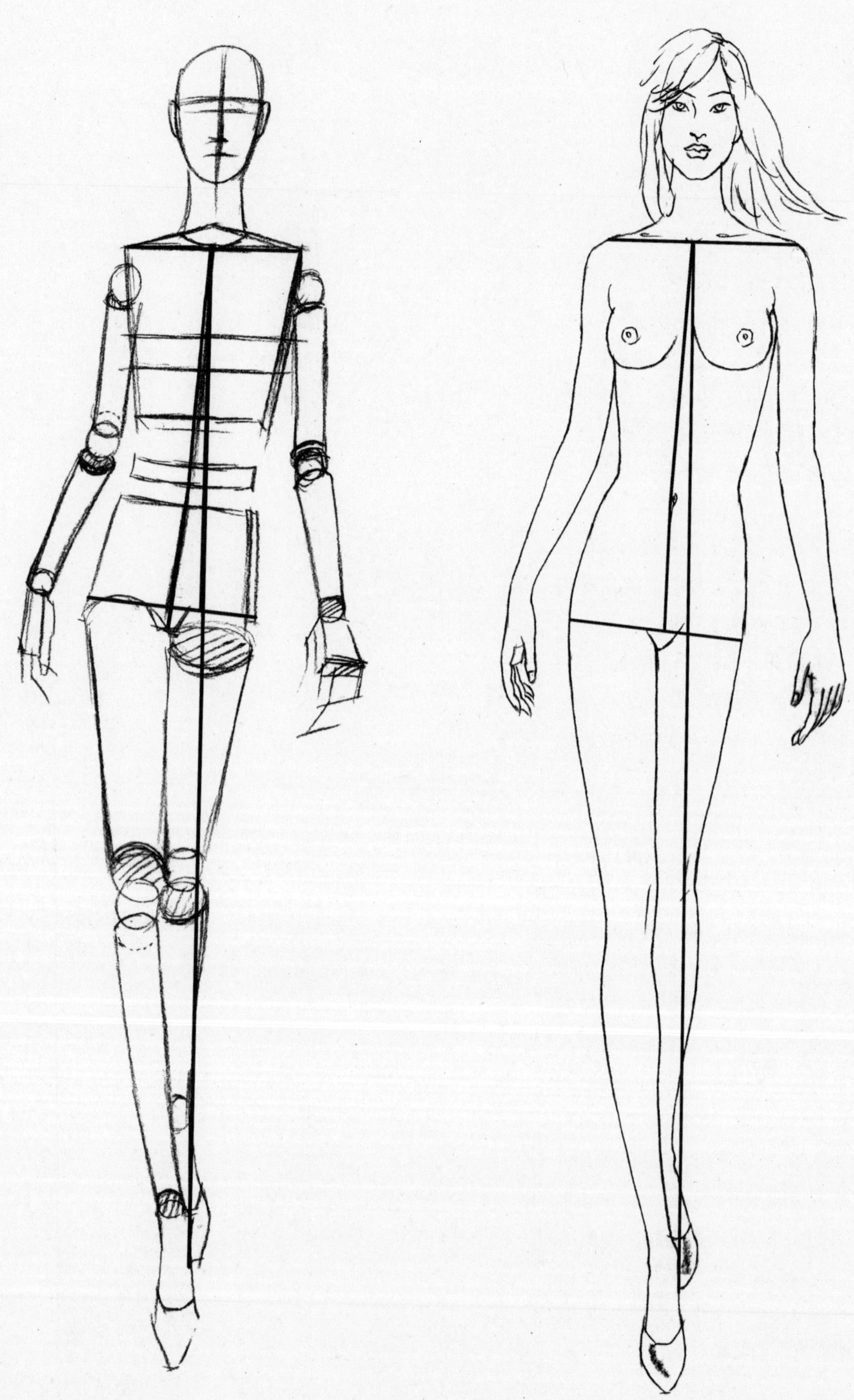

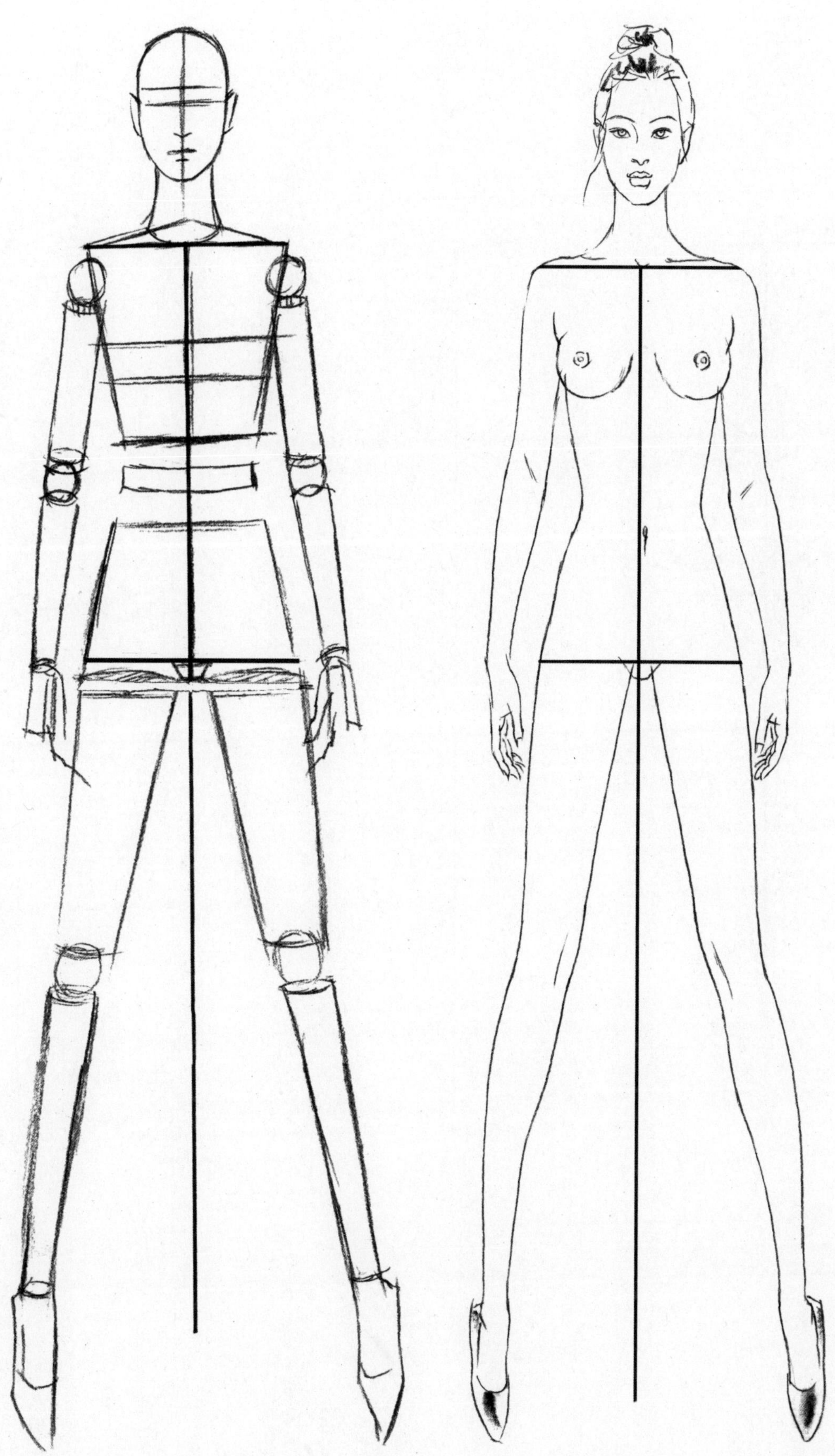

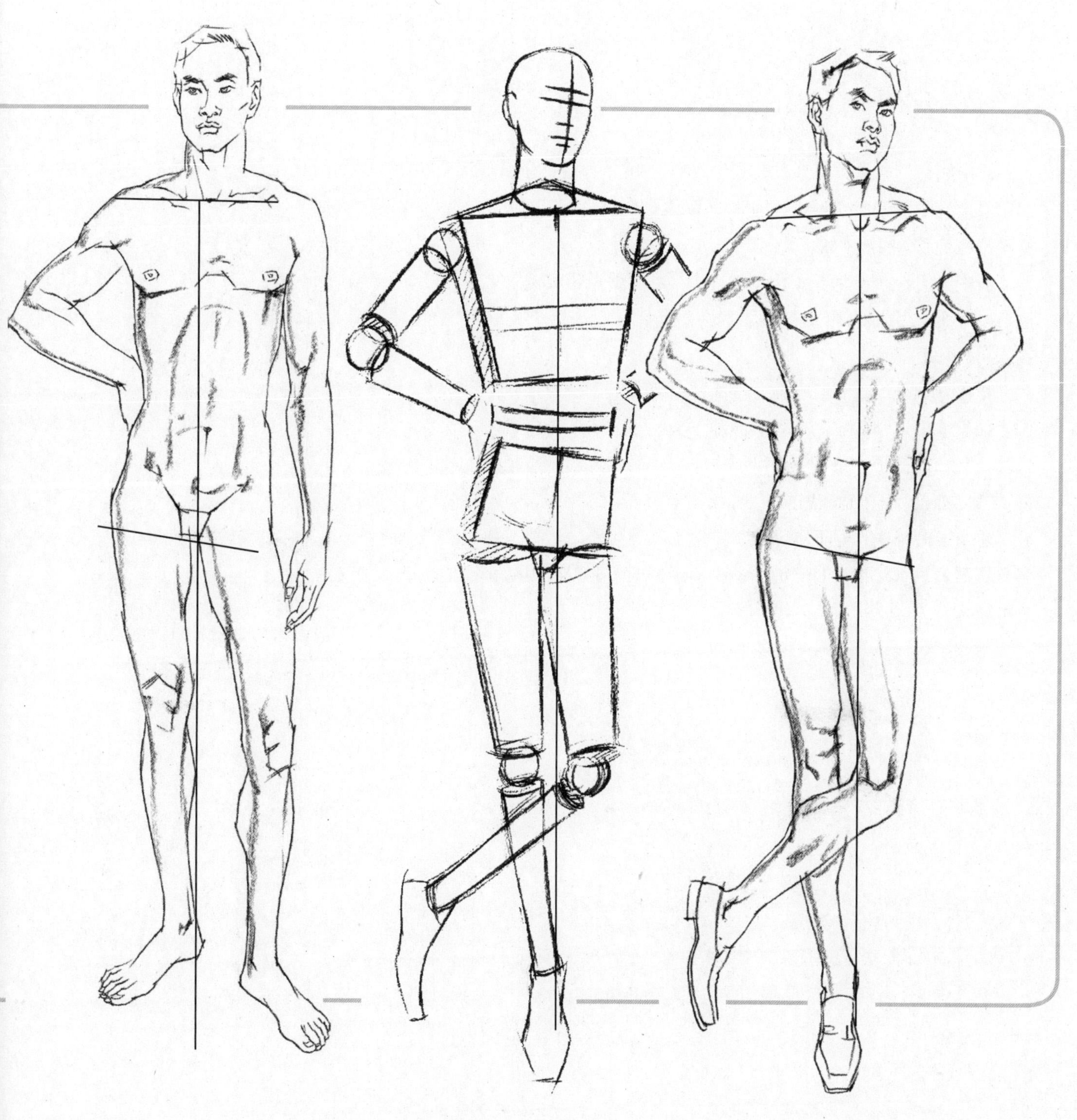

3.3.6 前中线

前中线是一条从颈窝到耻骨点位置的前中线，它平均分割躯干且垂直于肩线与臀围线。同时，不管人体是什么姿势，脊椎骨始终是活动的前中线。

前中线的走向与重心线无关，同样，也与承重腿的位置无关。前中线的主要作用是帮助观察胸部和骨盆在姿势中的位置。

身体有前中线，衣服也有前中线。了解这一点极为重要。因为如果前中线稍有偏离，衣服的基本型状与细节就会出错。比如，领口的扣子、口袋都是以前中线为依据定位的，甚至包括衣袖、裙子、裤子也依据前中线来定位。

前中线的确立，躯干部位必须以动态的变化作为依据。离自身近的面积大，远离自身的面积小，正侧面的躯干前中线在外侧边缘。

衣服与裙子的前中线

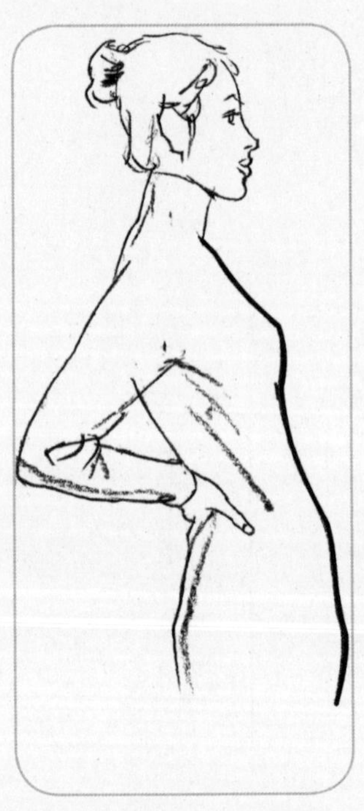

前中线在外侧边缘

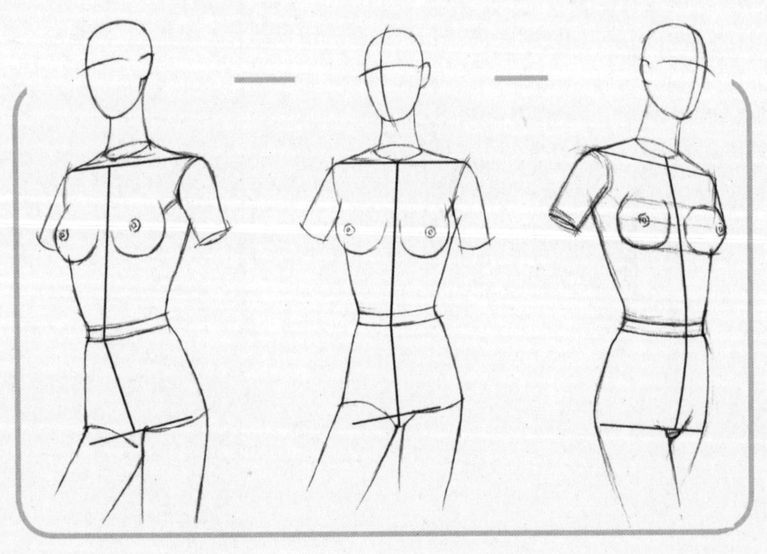

衣服与裤子的前中线

双排扣的前中线

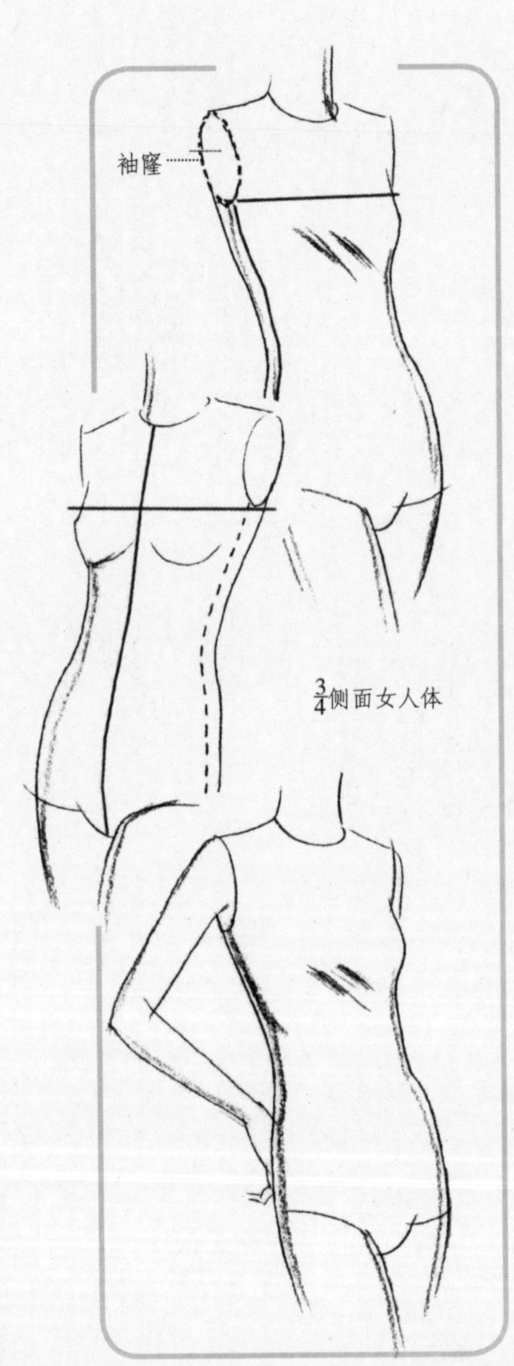

$\frac{3}{4}$侧面女人体

门襟的款式

$\frac{3}{4}$侧面女人体，为了能更准确地把握女人体的造型，我们可以把手臂拿掉，顺着外围线画一个椭圆形。

胸部曲线低于袖窿线。

画上衣、裙子或裤子时，要注意标示前中线，有助于更准确地表现款式。

扣子与扣环　　中式盘扣　　拉链

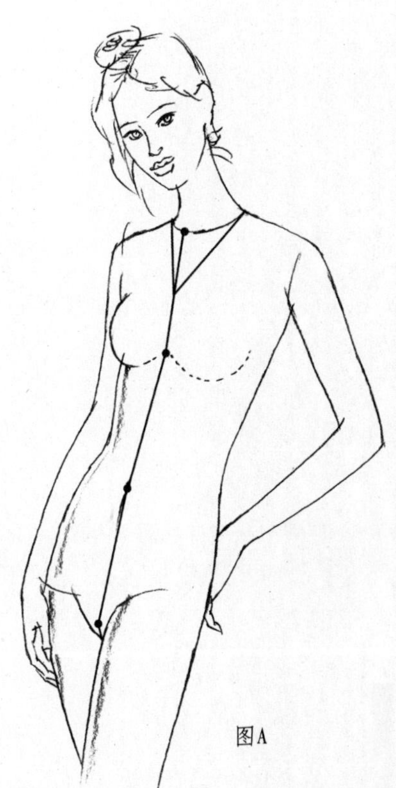

图A

通过颈窝点、两乳之间点及肚脐和耻骨点能找到前中线：在画$\frac{3}{4}$侧面女人体动态时，离你远的一侧有乳房轮廓线，而离你近的一侧有衣服的侧缝线。

在画服装画时，前中线的运用是非常重要的，款式的造型、门襟、扣子、拉链及口袋的准确位置都与前中线有关。

$\frac{3}{4}$侧面人体上，前中线通过以下四点确定并连接（图A）

- 颈窝点
- 两乳之间点
- 肚脐
- 耻骨点

从胸衣的结构来分析、研究前中线（图B）

- 胸衣骨架的弧线在两乳中间交会
- 前中线在两条公主线中间
- 侧缝线显现人体轮廓线

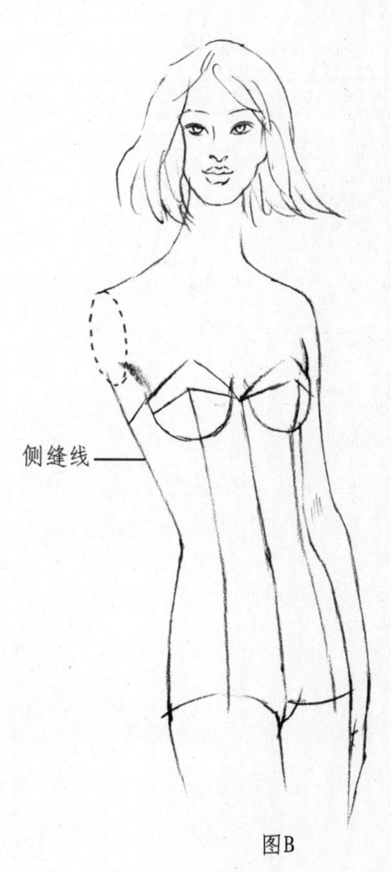

图B

在表现双排扣的服装画中，纽扣平分在前中线两边，门襟的设计多样，但扣子始终与前中线相联系。当穿双排扣衣服的模特动态转动时，扣子的形状成椭圆形。

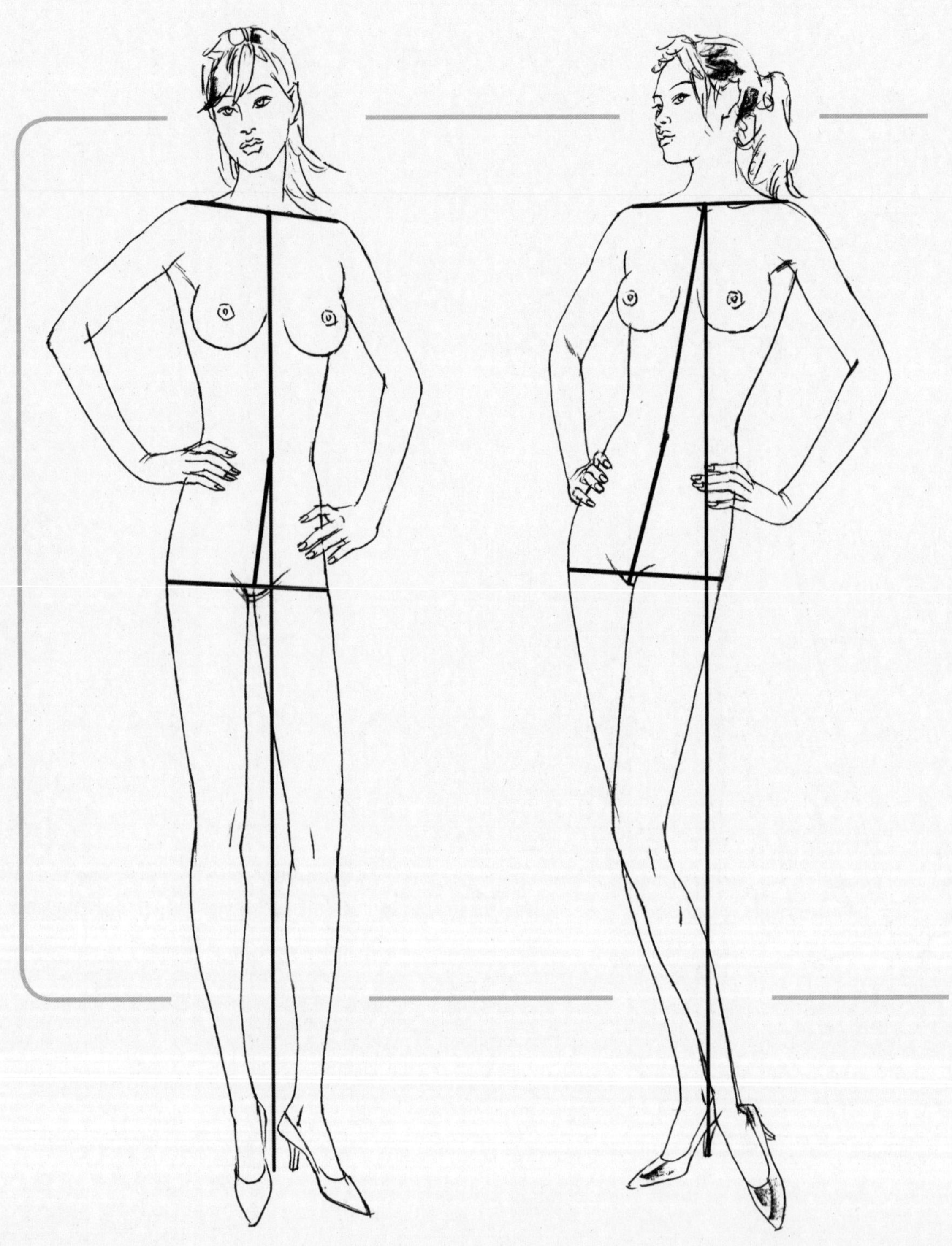

以上四个姿势强调的是各种人体动态中的前中线与后中线，着重表现的是前中线与人体动态的关系。一个动态的姿势会使胸部与臀部产生角度。在任何动态时，躯体和承重腿都需要前中线或后中线来进行协调。

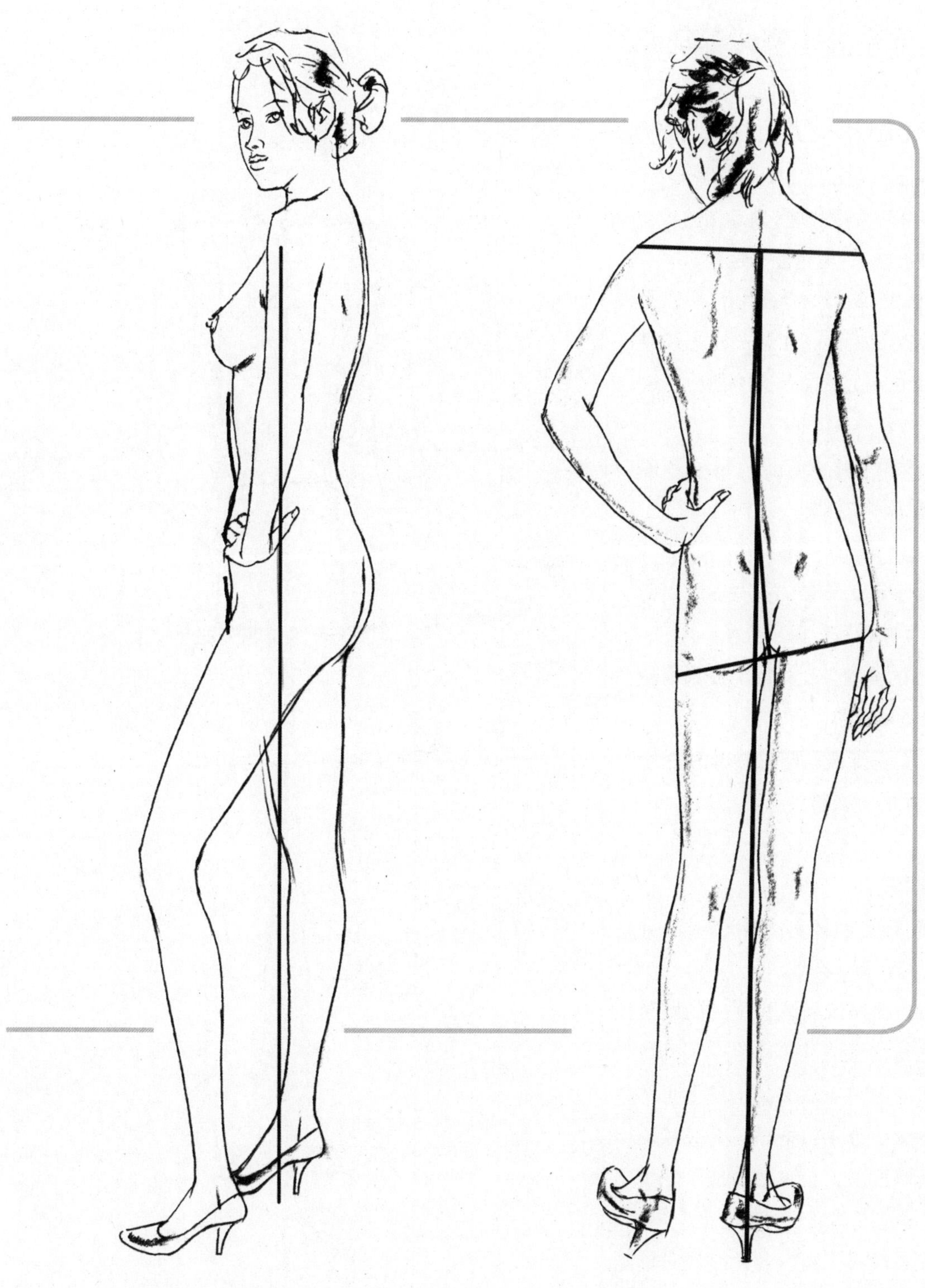

3.3.7 人体剖面轮廓线与辅助线

剖面轮廓线的运用有助于时刻牢记人体的形状是立体的。剖面轮廓线也表现了人体透视与形体的空间关系，这对于正确描绘服装款式和面料的纹样、图案很重要。

图A中人体的臀部被确定为一条视平线，给人以仰视的感觉。注意：视平线以上的剖面轮廓线与视平线以下的剖面轮廓线朝向相反。

图B表现的是$\frac{3}{4}$侧面方向的剖面轮廓线，可用来表现侧缝线、前中缝、公主线。

图C中的背面想表现出当腿弯曲时，两条腿的水平剖面轮廓线方向相反。

图D中放松的前腿与受力的后腿剖面轮廓线的方向也是相反的。

注意：剖面轮廓线是随着动作和视平线的变化而变化的，必须灵活运用。

辅助线有两种用途：

一是分割表现了服装人体的每一部分，可以用它们作为导向线。

二是勾勒出服装或服装模型中的服装结构图。这些结构图能够帮助你，正确地画出服装款式的细节。服装结构图把人体分成了几个部分。公主线把躯干分成相同的四等分。从侧面看，公主线变成了轮廓线，侧缝成了确定人体形体的基准线。

在表现款式时，应画出各种缝线与辅助线。

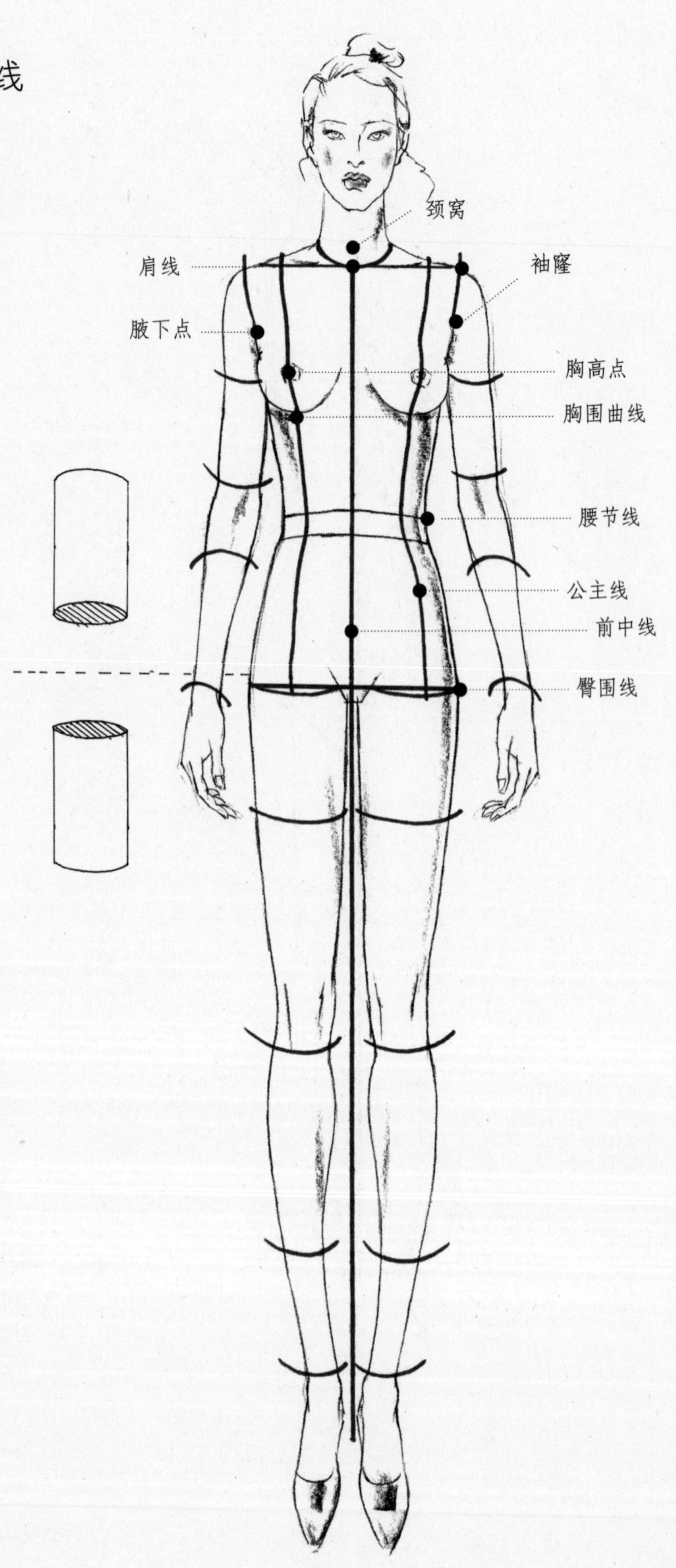

图A

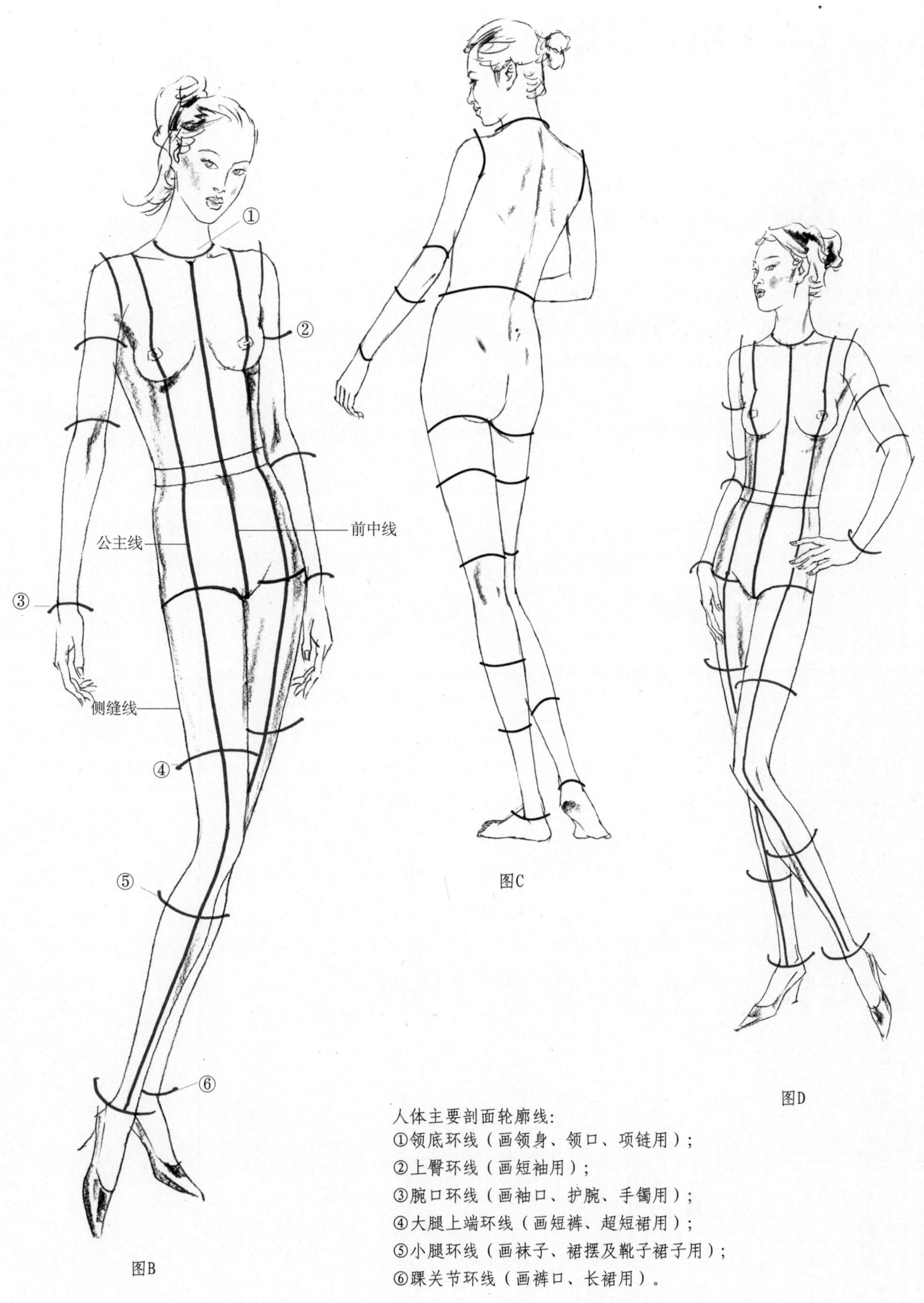

图B

图C

图D

人体主要剖面轮廓线:
①领底环线（画领身、领口、项链用）;
②上臂环线（画短袖用）;
③腕口环线（画袖口、护腕、手镯用）;
④大腿上端环线（画短裤、超短裙用）;
⑤小腿环线（画袜子、裙摆及靴子裙子用）;
⑥踝关节环线（画裤口、长裙用）。

3.4 男人体的描绘步骤

人体比例一般以头部的长度为单位，男人体的理想比例是将头顶至脚跟分成九等分，男性肩的宽度为两个头长。男人体的两乳头之间的距离是一个头长，腰部与臀部约是$1\frac{1}{4}$个头长，腕部恰好垂于大腿根水平线稍下的位置，双肘约在肚脐的水平线上，双膝约位于人体高度的第六根横线处。

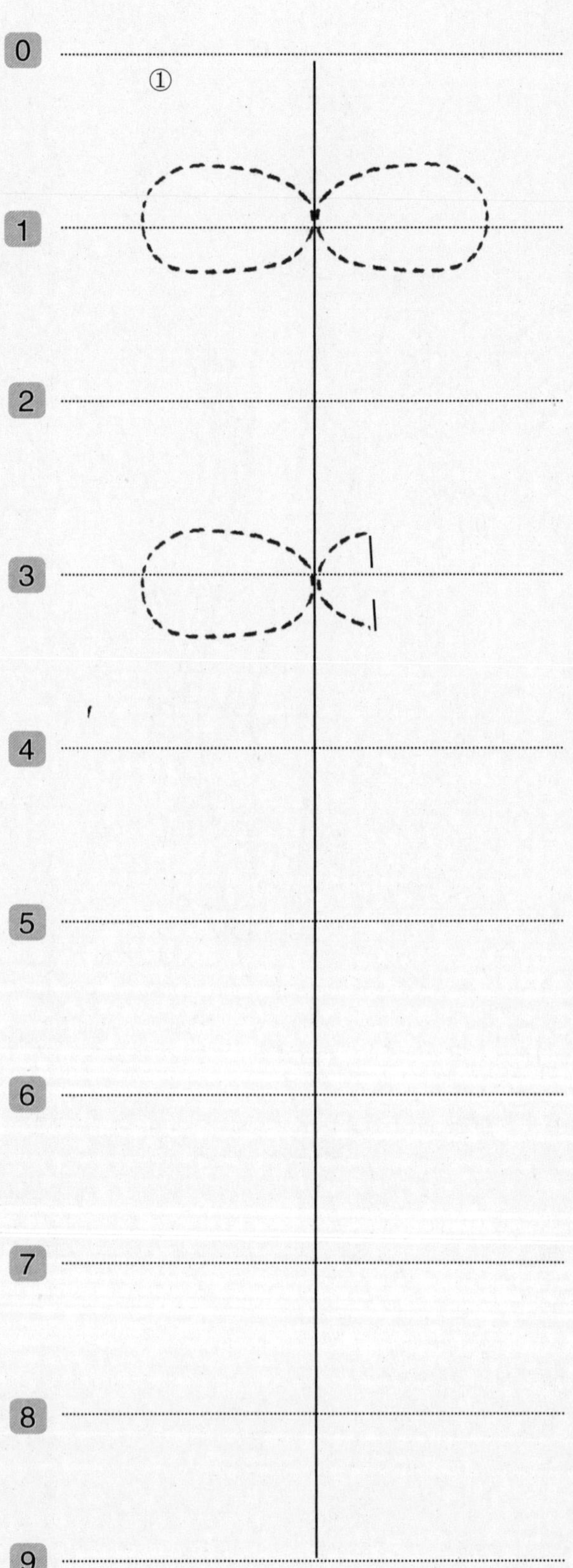

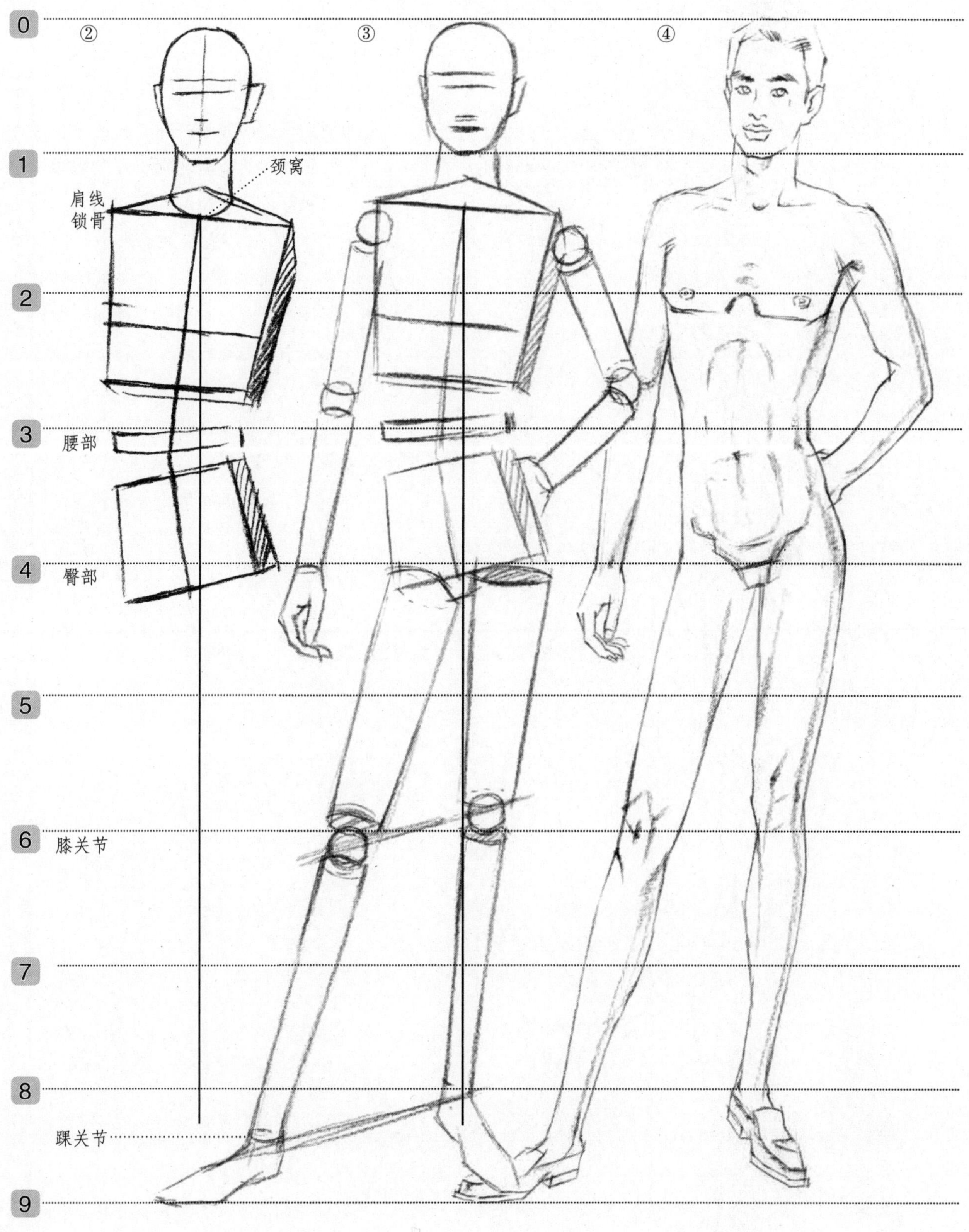
0
②
③
④
1
颈窝
肩线
锁骨
2
3
腰部
4
臀部
5
6
膝关节
7
8
踝关节
9

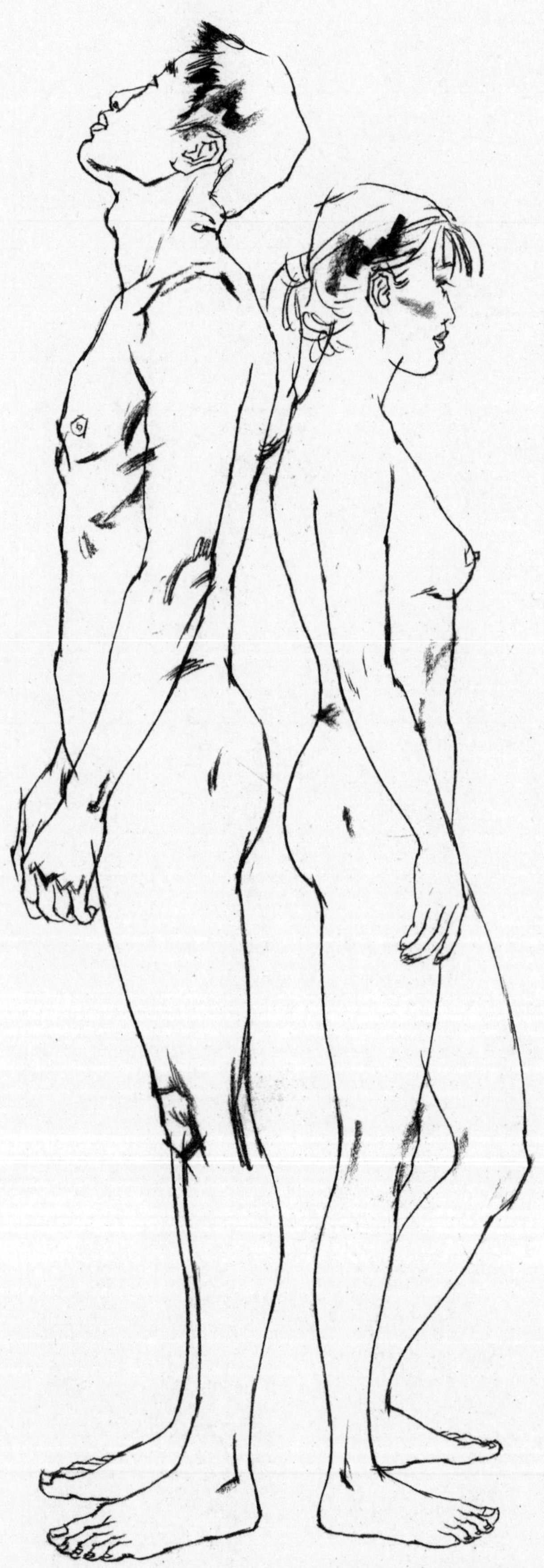

3.5 男女人体特征

由于性别不同，男性与女性在体型上有着明显的差异。概括而言，男性和女性的造型区别主要在胸廓和骨盆的部位。男性胸廓宽大，骨盆小，呈“V”形；女性胸廓狭小，骨盆较大，呈现“H”形。女性头部略小于男性，外形轮廓圆润，颈部修长。而男性头部轮廓线较方，转折明显，颈部粗壮，有喉结。

在描绘女性体型时，要强调其苗条、修长的身材，纤细的颈部和腰部，不发达的肌肉，并重视胸部与臀部的描绘；表现男性体型时，则强调其魁梧的体型，粗壮的颈部，结实发达的肌肉，并加大肩部的宽度。

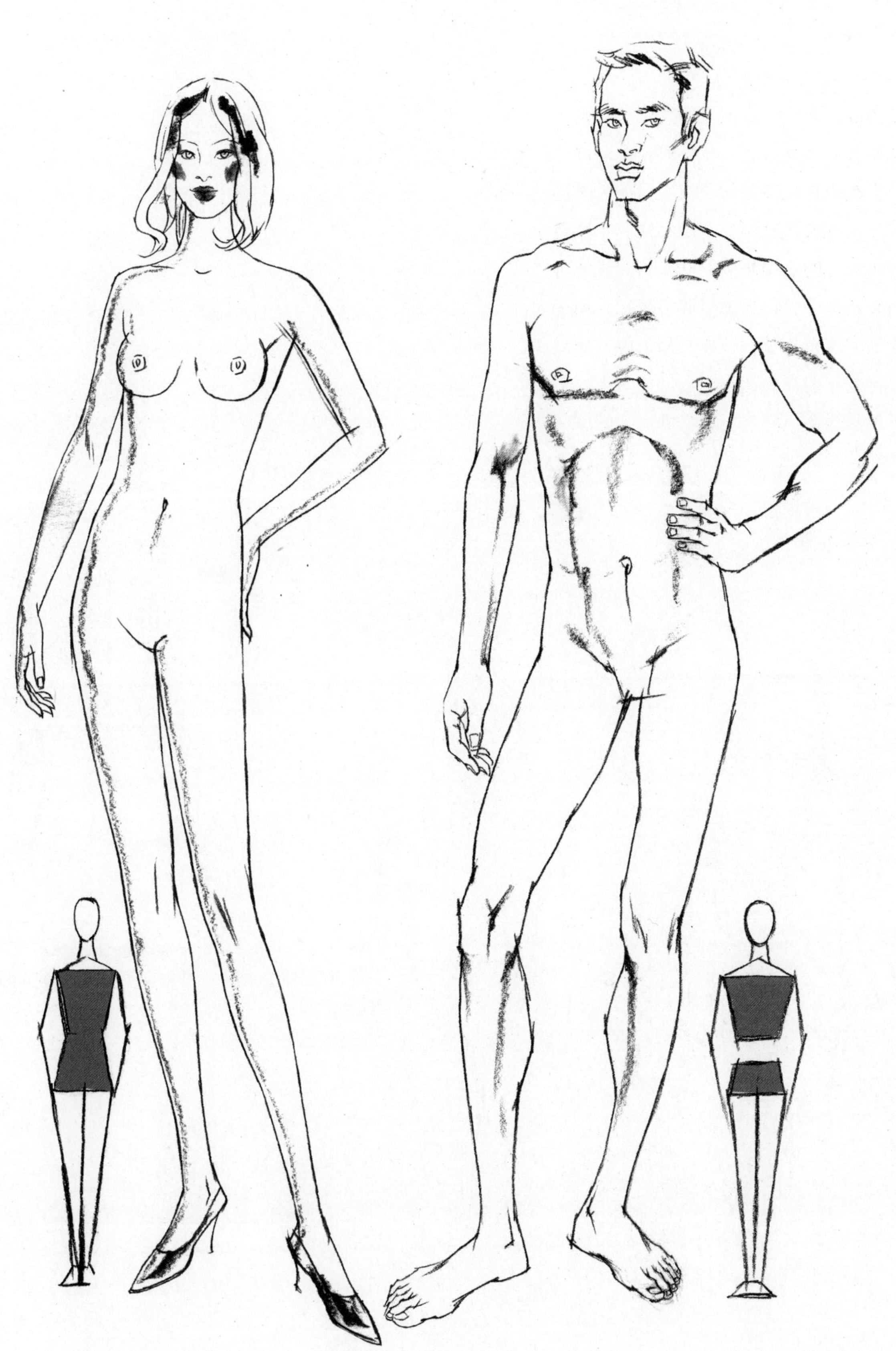

3.6 儿童的人体比例

儿童、青少年最明显的比例特征是头大、腿短，观察儿童、青少年的人体比例，其在成长阶段变化是很明显的。不同的年龄段，人体比例也有所不同。年龄越小，头所占的比例越大。幼儿与儿童的身高约4～5个头长，体态显胖，腿短。而少年约为6～7个头长，体态显瘦，腿开始显长。青少年的身高比例已接近成年人。刻画人体的线条不宜粗犷，应圆润、细腻富有弹性。

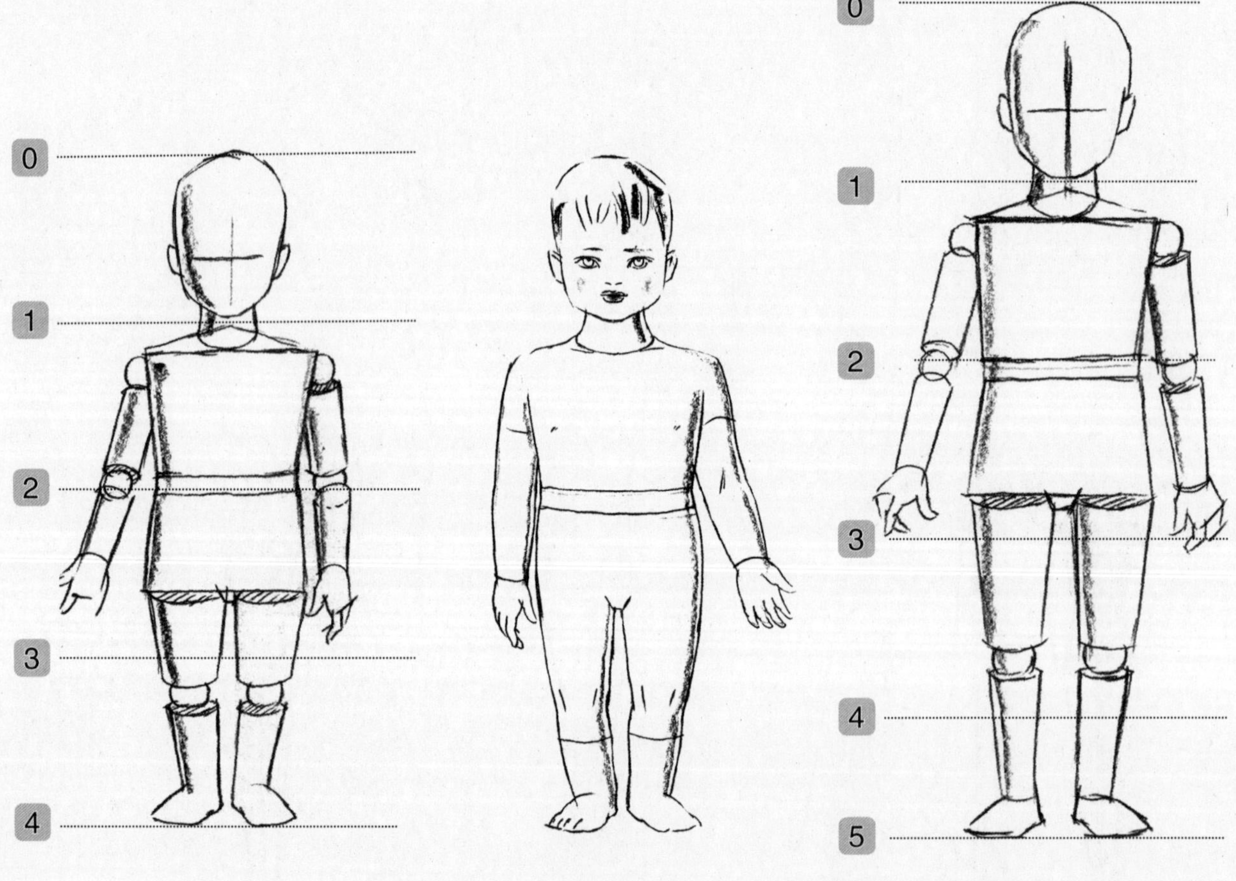

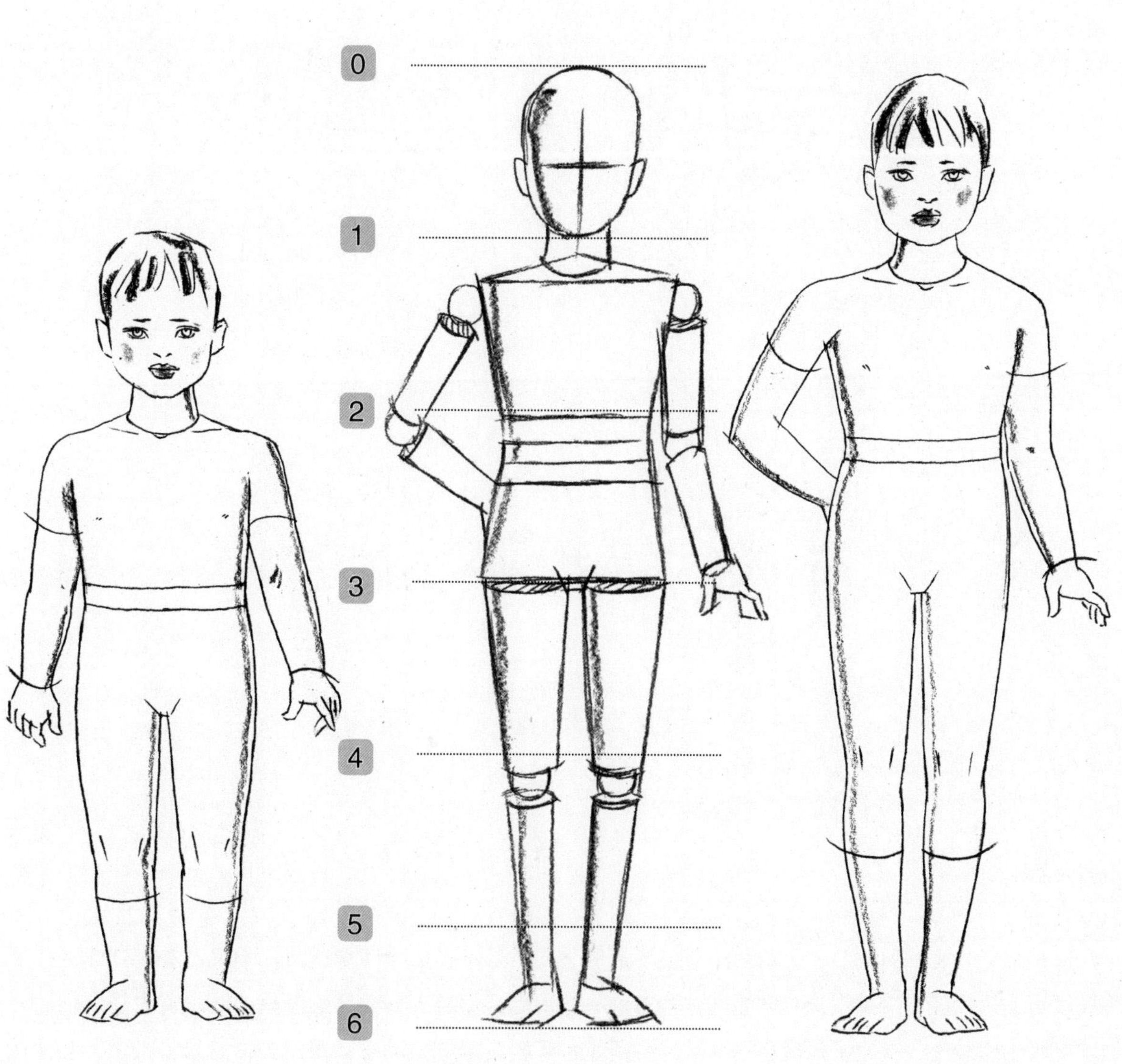
0
1
2
3
4
5
6

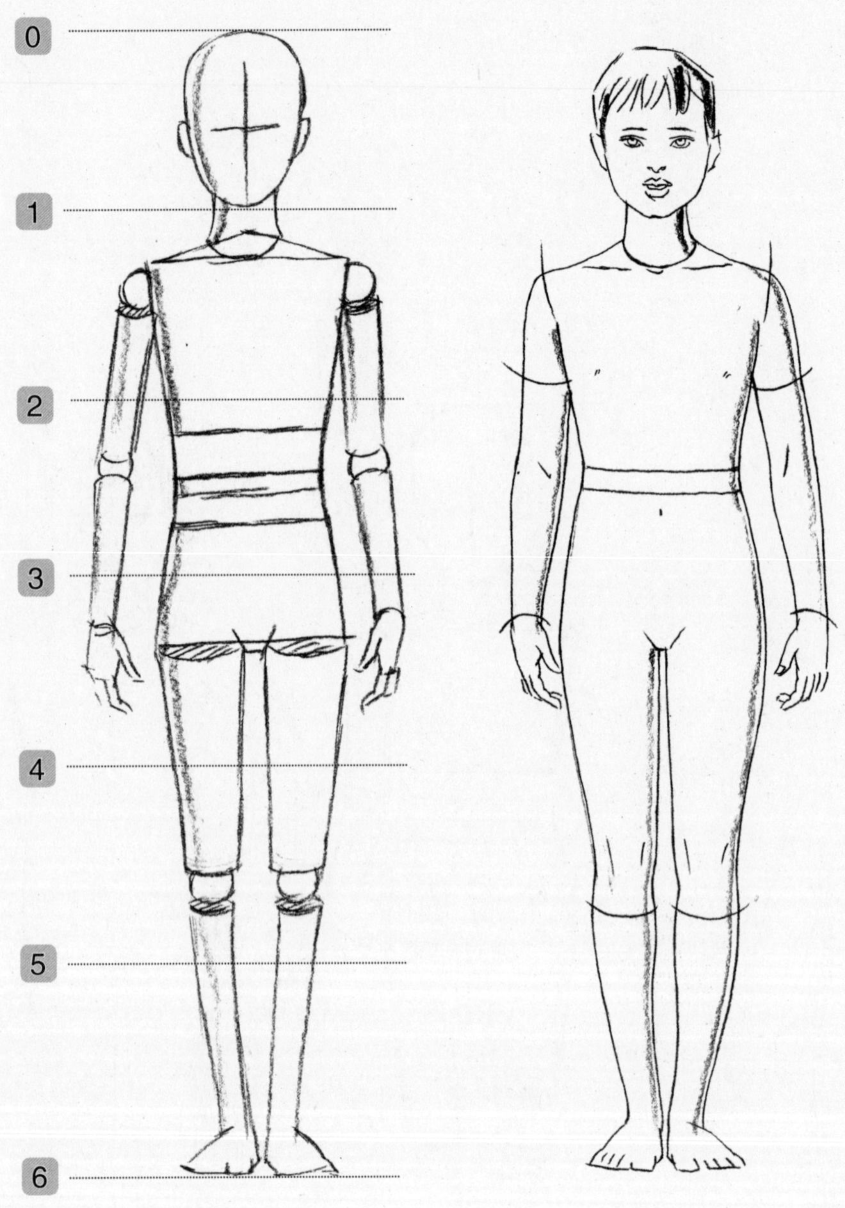

学习要点与练习：

在这一章里主要掌握服装人体的画法，要了解服装人体是唯美的，理想化的，但又不失人体体型特征。了解人体为几何体的构造是认识和掌握人体形态的一把钥匙，服装人体的比例及重心线、前中线、辅助线为我们正确画出服装款式奠定了尺度与标准。重心线及承重腿的研究是动态平衡的关键。先从人体的整体认识再到人体各个局部的深入研究，服装画人体更注重人体比例、结构和外形，熟练掌握四肢外形，特别是尺骨茎突的形态，踝关节的内高外低的造型，圆润、光滑、流畅的线条是表现服装画人体的最佳手段，而且最好是能熟练掌握二三个人体动态绘画。

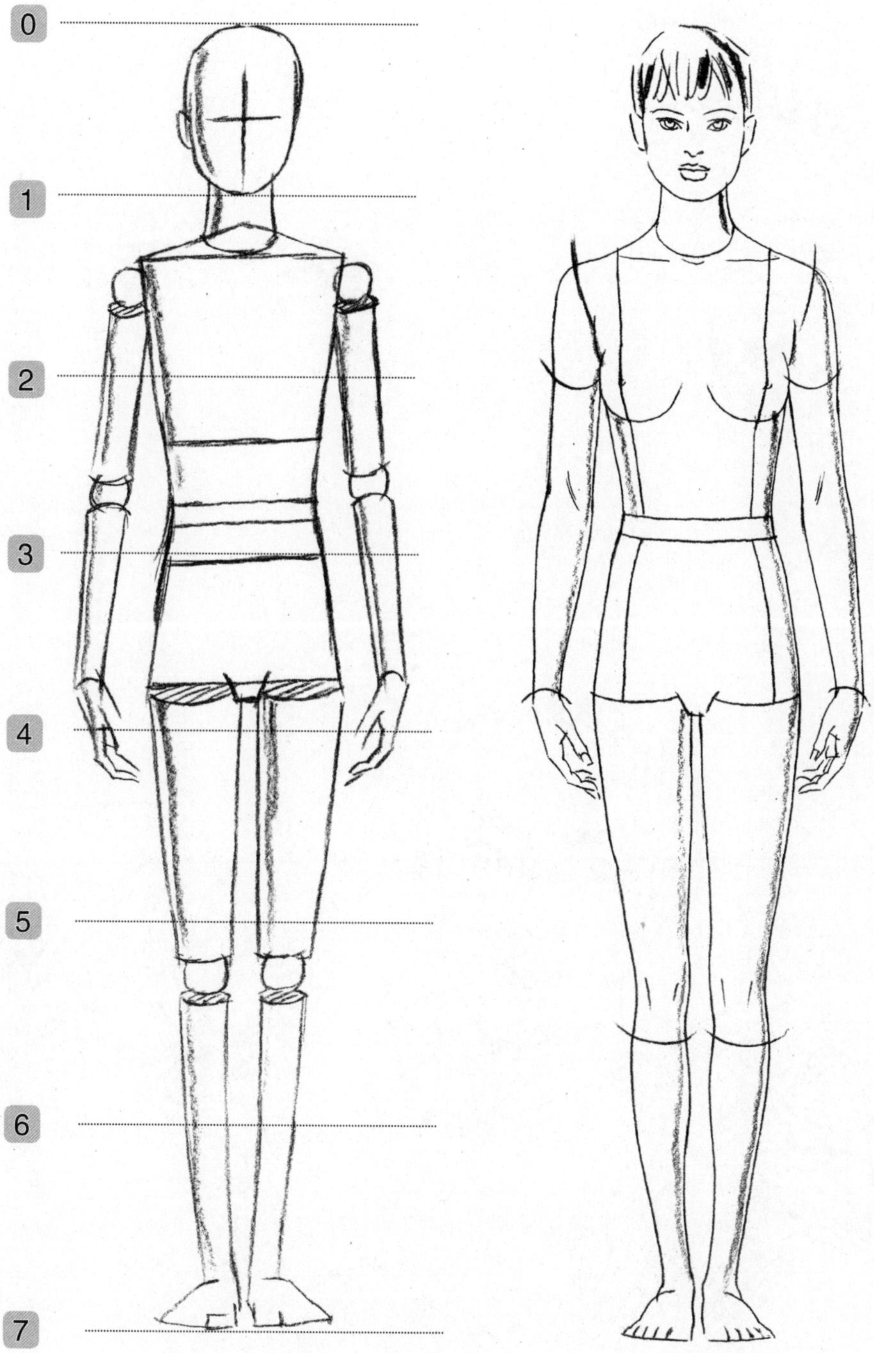

（1）根据书本上的范画临摹一张几何体基本形的$\frac{3}{4}$侧面女人体动态图。（八开纸，以能熟练默写出为佳）

（2）用图形说明前中线辅助线的差异。（八开纸）

（3）正确认识重心线，了解动态平衡规律，反复练习女人体动态画法。

（4）反复临摹$\frac{3}{4}$侧面女人体动态画法，争取能熟练地默写出 2 ～ 3 个动态绘图。

第4章

服装画头部与头饰配件的画法

一副完整的服装画，离不开对人物面部的刻画。特定的服装款式是为某类特定人物设计的。因此，对不同职业人物面部形象的描绘是学习服装画所必须掌握的。

在服装绘画中，面部的刻画应是概括、简洁的。五官的处理不应过于精细，描绘的重点应在于服装。概括性地掌握与描绘不同类型人物的面部特征，是服装绘画中所要关注的重点。

头部的画法，随着流行趋势的变化而改变。作为服装设计师必须决定用哪种类型的头部和脸型作为你服装画中头部的标准，使面部的塑造与服装画风格特点保持一致。时代不同，面部的表现需求也不相同，服装画人物的面部是特定时代的表现。

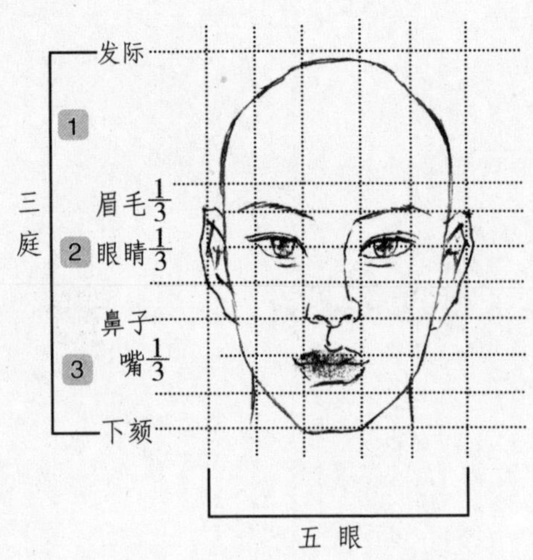

4.1 头部的画法

4.1.1 脸部的比例

要掌握脸部的描绘，首先要掌握基本的脸部比例。

1.“三庭”是指从发际至下颏分为三等分：发际到眉线、眉线到鼻尖、鼻尖到下颏线。

2.“五眼”是指正面脸最宽为五眼宽，两眼之间为一眼宽。眼睛的位置在头部的$\frac{1}{2}$横线上，儿童眼睛的位置在此横线以下。

3. 从侧面看，眼睛位于鼻高的$\frac{1}{3}$处。唇裂线在鼻尖到下颏的$\frac{1}{3}$处，耳孔正好在头的中心。

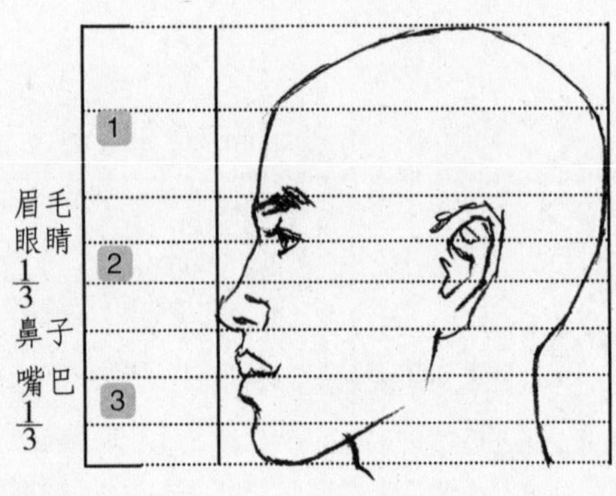

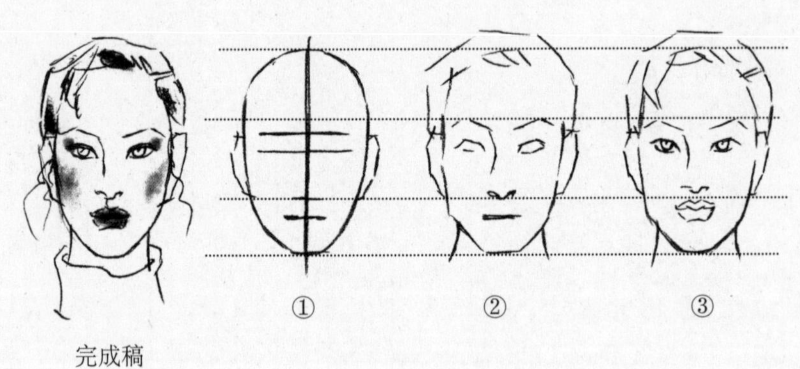

完成稿

4.1.2 女子脸部画法

女子脸部的描绘与男子脸部不同。女子脸部圆润、柔和，轮廓精致、细腻，女子脸部的描绘需要表现女子俏美、优雅、娇柔的气质。着重眼、眉、嘴唇的刻画。眼睛画得较大些，上眼睑要用化妆的方法刻画，睫毛长而粗，眼尾要细，而且上挑。唇部要画得丰满、滋润，上唇轮廓明显，下唇圆润，唇角清晰。有时，女子脸部的描绘可以把重点放在化妆或头饰上，从而强调所表现的服装款式的风格特点。

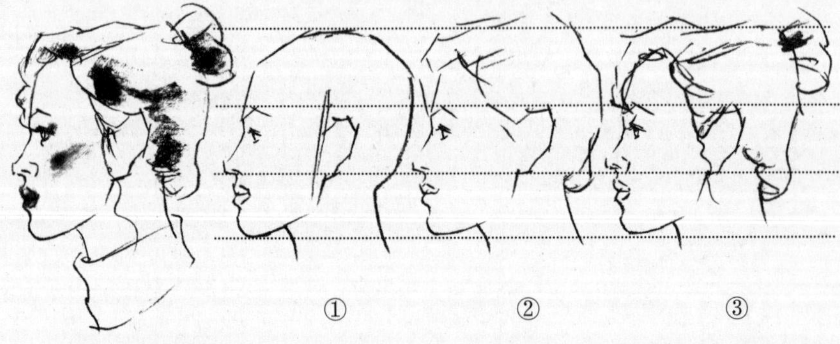

完成稿

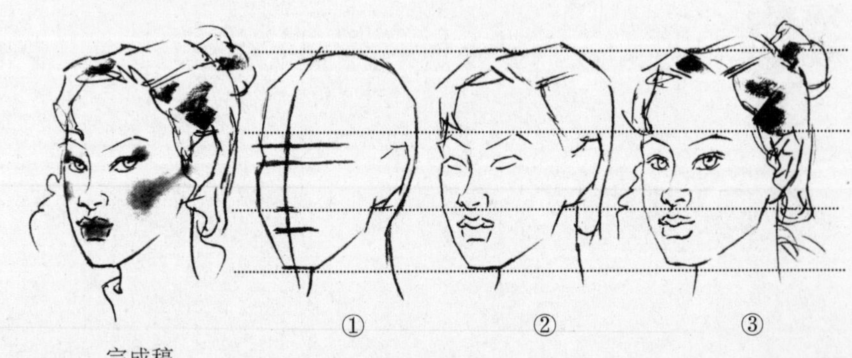

完成稿

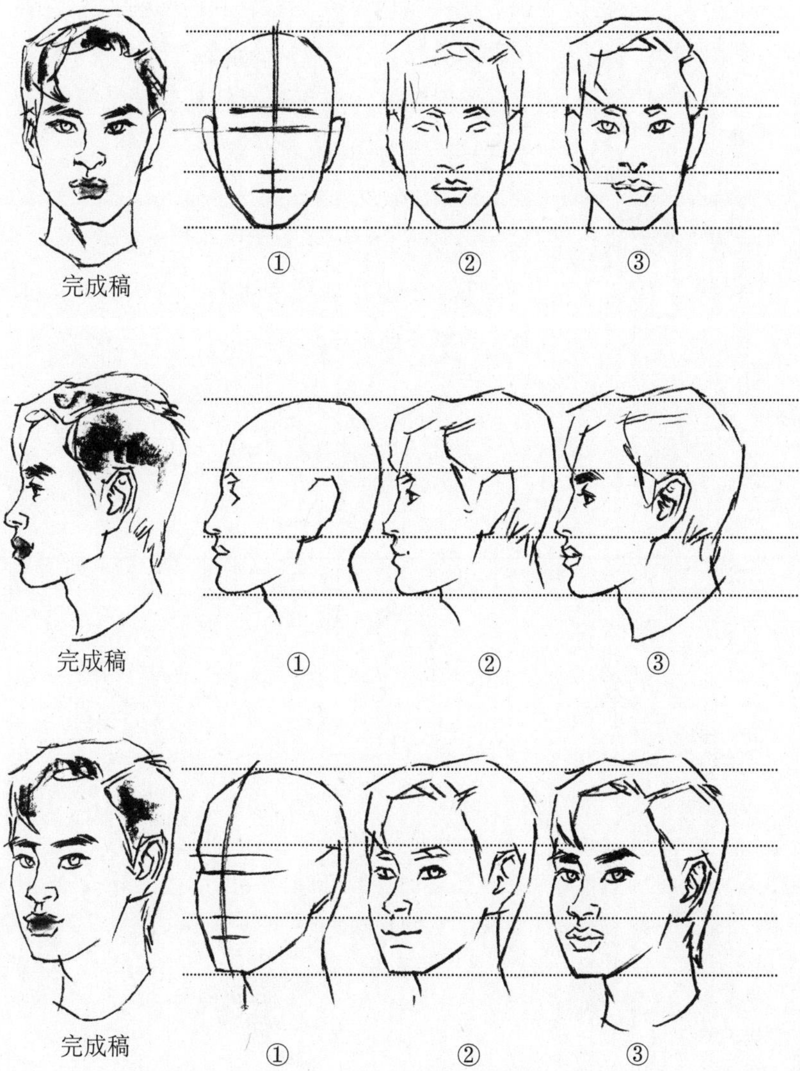

4.1.3 男子脸部画法

在描绘男子脸部时，一定要突出男子的阳刚气质，脸部轮廓清晰，脸型方正、硬挺，脸部比女性要大一些，强调骨骼结构特征，眼睛不要描画得过大，眉毛要浓重些，嘴唇较厚实，颈部要粗壮。总之，男性脸部粗犷健壮，在描绘时，线条要有力。

4.2 脸部五官的画法

4.2.1 眼睛的画法

眼睛是“心灵之窗”，是传神的关键部位。画眼睛时，要注意它和眉毛的关系，两个眼珠的视觉方向应是一致的。

①眼的基本形近似平行四边形，眼尾高于眼角，上眼睑遮住部分眼珠。

②画出眼珠和眉毛的位置。

③加深上眼睑线，瞳孔处留出高光。

④在上眼睑处画出睫毛，睫毛由里往外画，内粗外细。

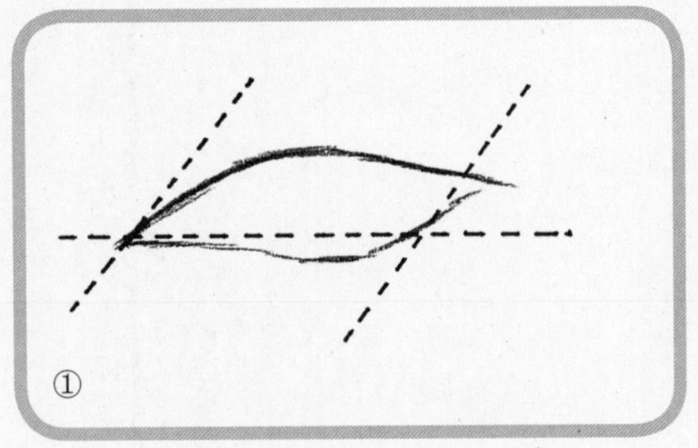
①

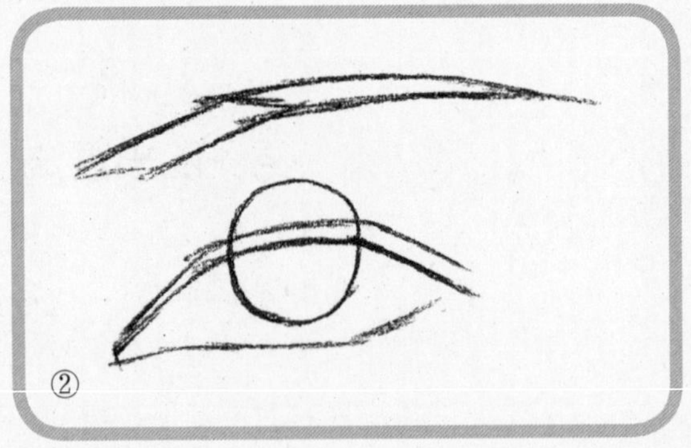
②

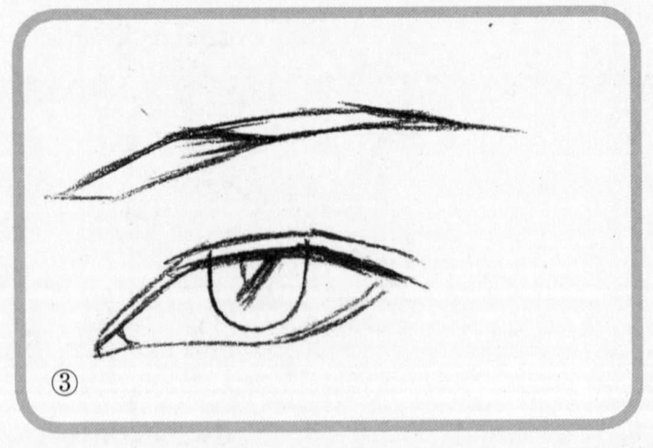
③

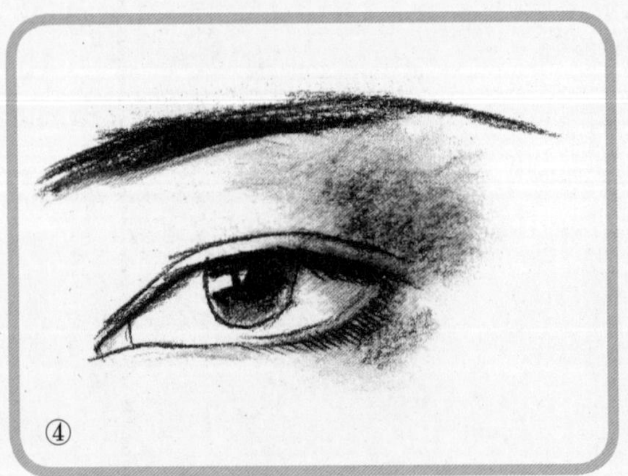
④

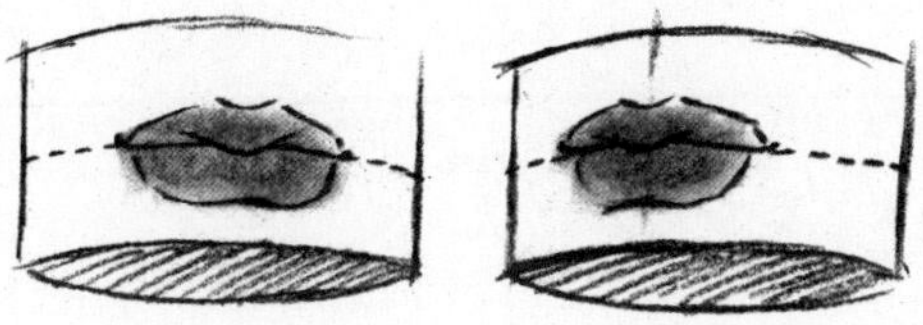

正面　　$\frac{3}{4}$侧面

4.2.2 嘴的画法

嘴的形状比眼睛简单，画嘴时，首先要确定唇裂线的位置，再确定它的宽度和上下嘴唇的厚度。上唇要比下唇突出，轮廓明显。下唇较圆厚，唇裂线要画出虚实。上翘的嘴角表现快乐，下垂的嘴角表现心情沉重。

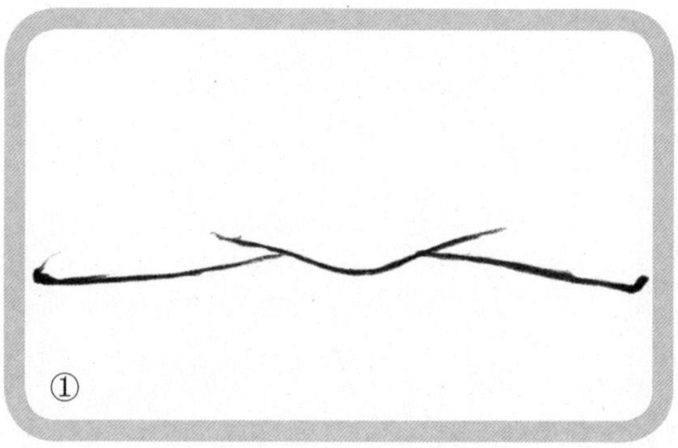

①

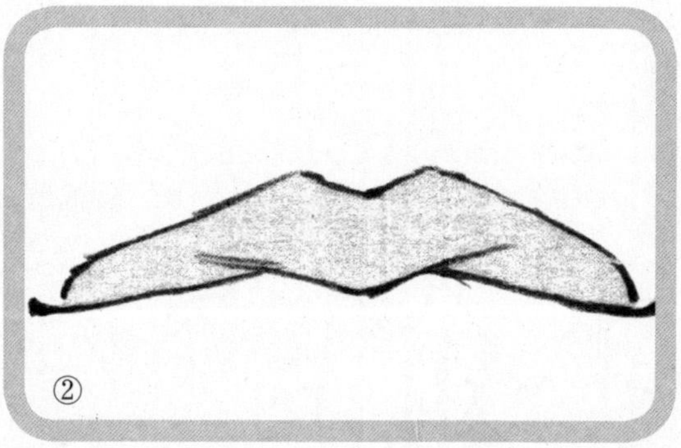

②

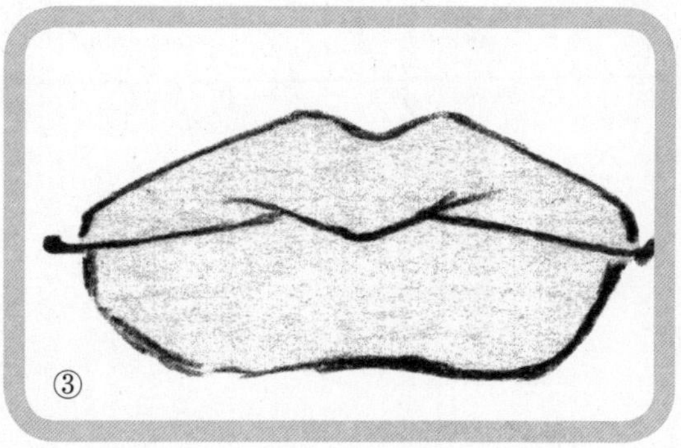

③

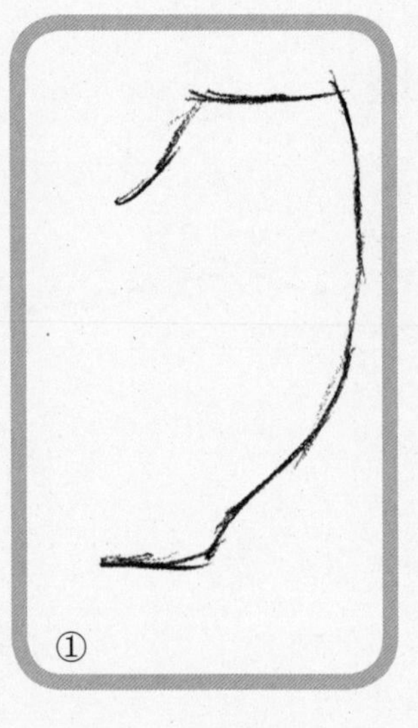

4.2.3 耳、鼻的画法

耳、鼻的表现在服装画中有时不是很重要，有时可以省略，但它的位置必须正确，否则，会破坏服装画的整体效果。

1. 耳的正确位置在眉线与鼻底线之间；

2. 注意鼻孔不要画得过深。

侧面耳朵的位置和方向密切地配合下颏骨，耳朵和下颏骨是在同一条直线上的。

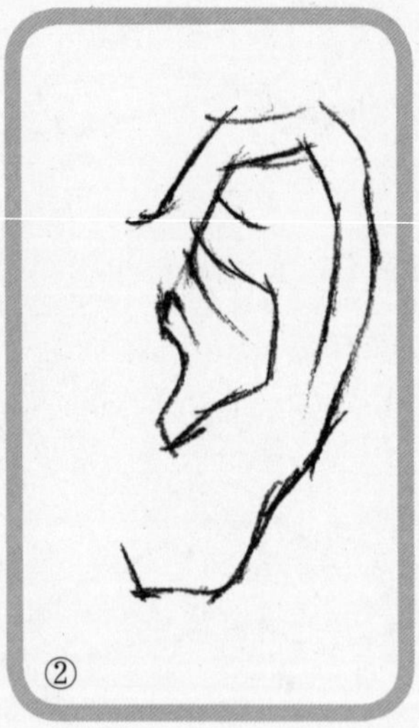

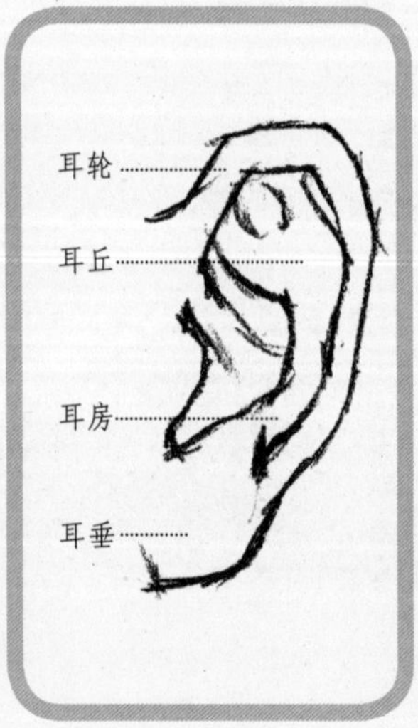

②

耳轮

耳丘

耳房

耳垂

鼻子正面
鼻子$\frac{3}{4}$侧面
鼻子侧面

4.3 头发的画法

头发在服装画中有着不可忽视的作用。不同的服装款式，需要相应的发式相搭配。不同的发式能体现出一个人不同的身份和个性。头发的表现直接影响着服装画的整体效果，所以掌握头发的描绘方法也是很重要的。

画头发的步骤：

①首先画出头发的轮廓、发型，注意大型。

②依据结构等特征，分出发群。

③完成稿画出细节，在头发的转折处涂上阴影，在边缘、前额等关键部位画出缕缕发丝。

头发与皮肤的交会处，如耳边、额头发际用线要细。边缘不要太整齐，注意变化。

总之，画头发时要注意整体造型，不要被细节迷惑，画出具有时代感的发式。发型和服装一样，也是紧跟时尚的，有时候十年的流行变化特点可以通过一个发型来证明。

4.4　脸部的省略画法

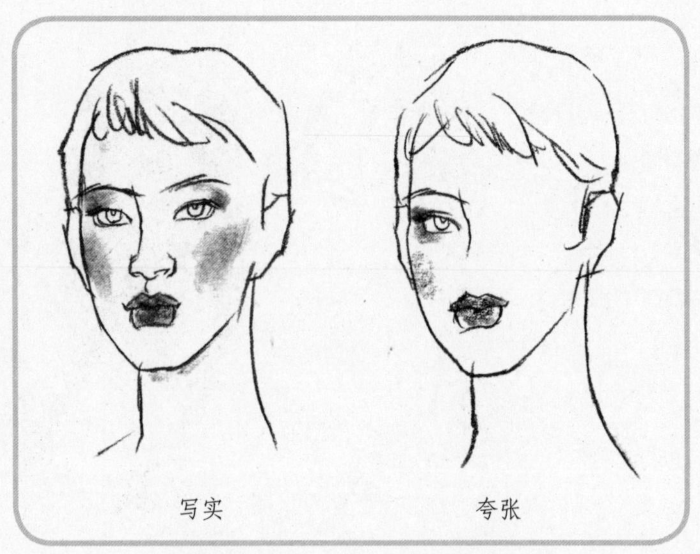
写实　　夸张

脸部的省略画法是服装画中常常使用到的手法之一。脸部的省略画法一般是为了突出对某一部分的刻画，而淡化其他部分，用含蓄简洁的手法或用夸张突出的手法，烘托出服装的整体美，强调服装的风格。

突出对某一部分的刻画，而淡化其他部分，用夸张的手法突出眼睛或嘴唇，烘托出服装的整体美，突出服装的整体风格。

4.5 儿童脸部的画法

儿童脸部的描绘要尽量表现出儿童天真可爱的活泼个性。儿童的脸型圆润，圆似苹果，年龄越小，脸型越是浑圆，两腮越丰满。儿童的脸额头大，五官偏下而集中，眉毛处于头上$\frac{3}{4}$处。五官的特点是：眼睛大而明亮，眉毛轻秀而淡雅，加上小巧的鼻子，甚至可以省略对鼻子的描绘。嘴巴小巧而上翘，为了增加儿童天真烂漫的天性，可以在两颊加一些腮红，让童装画充满童趣。有时，还可以参考一些卡通人物的画法，使儿童脸部形象更加多样化。

4.6 头型与帽子

在刻画帽子时，必须有一个基本的头型。帽子必须依附在头部，帽子的里檐正好是头的围度，不可过大或过小。在描绘帽子时，要注意造型特征与结构特征，抓住重点刻画。帽子是为了烘托服装的美，所以不要过度刻画帽子，从而削弱了对服装本身的描绘，影响到服装画的整体效果。

帽子分两个部分：

1. 帽身、是扣在头上的部分。

2. 帽檐，是帽子的边缘，附着于帽身。帽边的宽、窄、大小会产生不同的效果。

RACPEI

4.7 首饰的画法

首饰是服饰中的重要配件。在佩戴时，要注意饰品的大小、颜色的冷暖以及场所环境。画饰品时，要考虑脖子、手腕这一透视变化的部位形态。

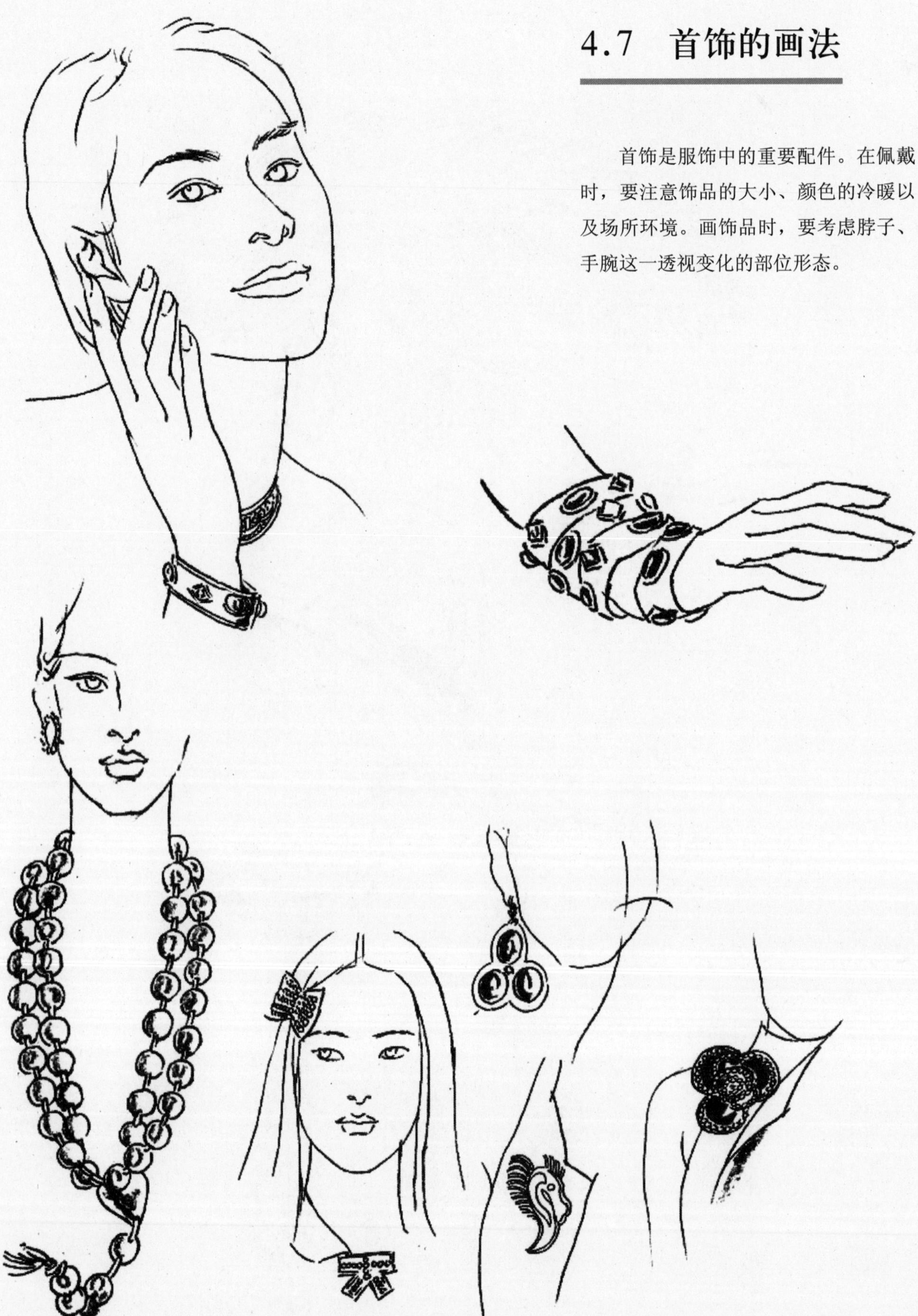

4.8 围巾、领结、披肩的画法

围巾不仅是围在脖子周围的保暖饰品，它也能包在头部、披在肩部，起到装饰的作用。围巾一般具有较好的悬垂性，应尽量用一种柔软的线条来刻画。

4.9 手套的画法

手套的功能是保暖，而现在更是一种服装的装饰性物品。绘画时要顺着手指头开始画，线迹也必须交代清楚。

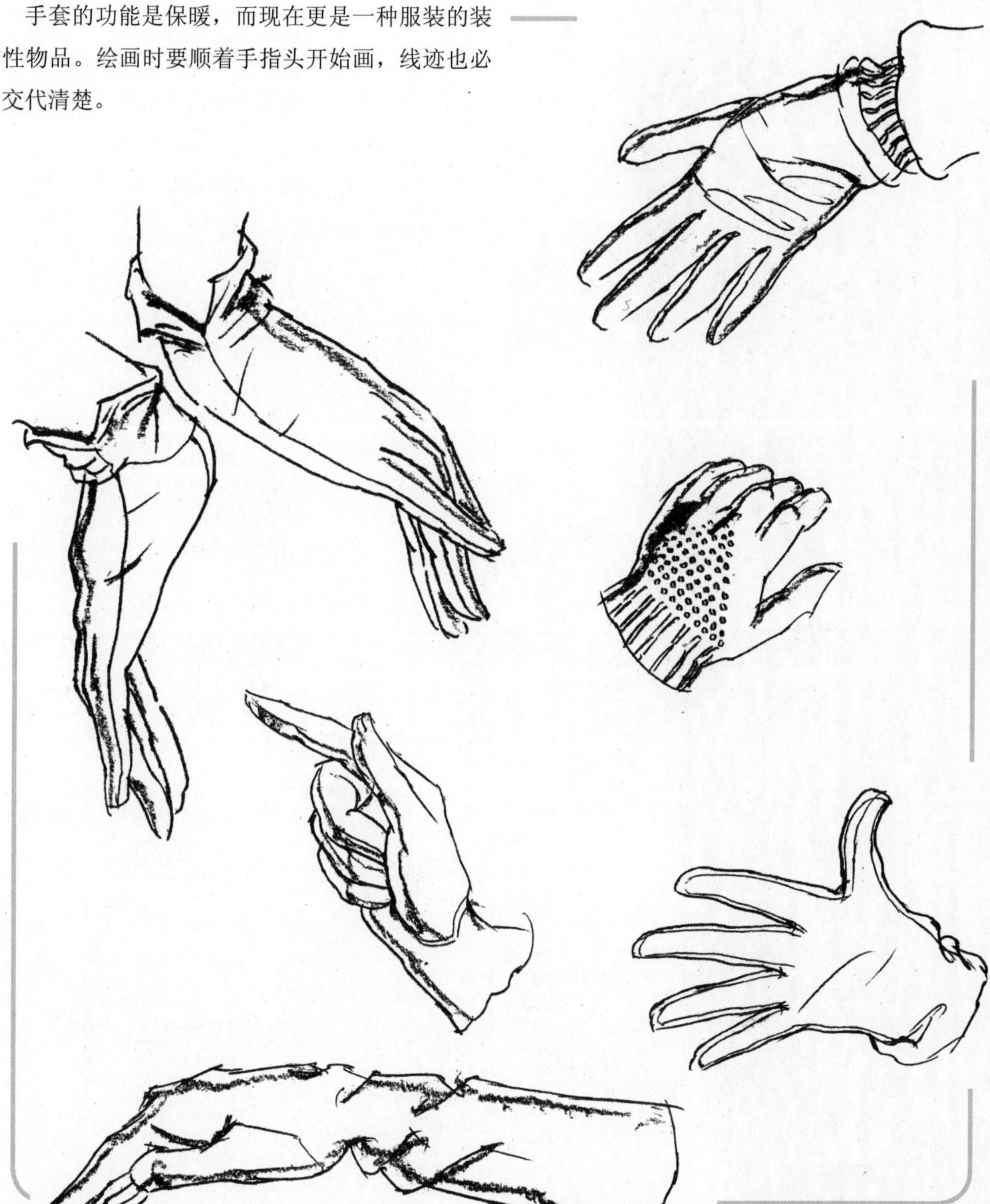

4.10 手袋的画法

手袋不仅可以用手提，也可以背在肩上或系在腰上。它的尺寸大小多种多样，小的有小挂包，大的有行李包，各有不同特点。在刻画时要注意它的结构、质地和软硬程度。

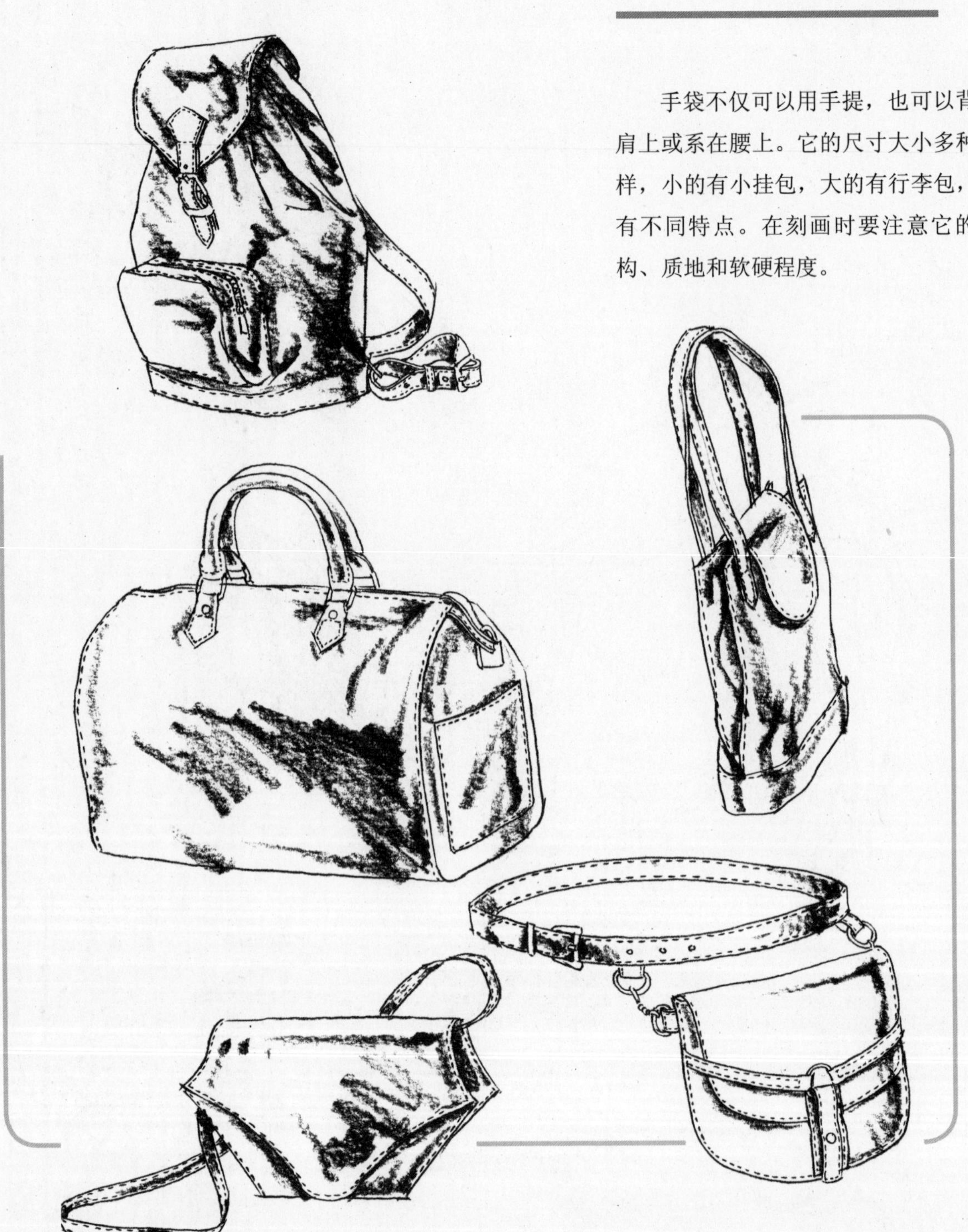

学习要点与练习：

→→→

本章节主要讲述头部外形与脸部五官的比例关系及头饰配件的画法。脸部的外形不外乎国字形脸、长方形脸或鹅蛋形脸等，从时尚的角度来看，鹅蛋形脸最受人们的青睐，头小脸小是被时尚界所普遍认可的。

服装画对脸部的刻画更注重共性美，如可爱、幽默或玩酷的，当然五官在脸部位置的和谐才叫美；老祖宗的“三庭五眼”比例尺度简洁而实用，是每一个初学者手中的钥匙。五官的塑造：眼睛以平行四边形的大形为刻画依据，眼尾略往上翘为宜，鼻子可以简略，而嘴唇略大，嘴角往上或往下，依服装款式的风格而定，耳朵只要位置正确，外形勾勒明白即可。

（1）根据本书范画临摹正面、$\frac{3}{4}$侧面脸部，特别注重脸部的五官比例，眼睛的塑造，嘴角的刻画。

（2）依据时装照片描绘时尚脸部，正面及$\frac{3}{4}$侧面。

（3）在反复通过照片练习头像的比例结构后，试着脱离参考资料，徒手画出简略、时尚而又有个性的头像。

（4）服装画中的人物形象的艺术处理要注意哪些方面，其特点是什么？

第5章

服装廓型与服饰单品画法

服装绘画的目的在于表现服装的款式。服装绘画要求把服装的外部造型及细部的设计、面料的质地、时代感和气氛等都表现得比较完美。这也是服装绘画所要掌握的基本技巧。服装的轮廓或外形线是十分重要的。服装的外型轮廓线不仅能体现其时代特征，而且能预测服装的流行趋势。如肩的方、圆，胸部的凹凸，腰部的形态，服装的长短，领身的大小、裙摆的造型，还有袖子的装置线与腰部的高低，这些细微的变化，也会因为流露出了完全不同的性格而成为流行趋势。

服装设计在进行款式设计时，可以是紧身的，款式与身材融为一体；也可以是夸张的，服装的外型、款式主导人体。当年，迪奥在巴黎每年都要以外型为主题，发布新的服装款式，分别命名为A字型、H字型、Y字型，借以加强外形给人的印象。要表现服装的外型美，首先要有精妙的比例，如腰的高低、袖管的粗细、服装的长短，这些都足以影响服装的整个外型与风格。

这里展示了8种主要的服装原型。在进行更为复杂的设计前，你只有逐章分析、临摹，注意描绘的顺序和过程，只有对这些实例进行反复练习，才能不断地增长对服装画外形方面的知识，掌握服装画的技巧，并逐渐形成自己的风格。

服装原型是指将服装的材质、色彩、装饰的技巧等设计上附着的要素均省略而表现出来的服装整体形象，是简化的服装廓型。我们将表现服装原型的轮廓线称为“服装的线条”。

在着手进行服装画创作时，首先要注重服装外型和人体的关系。要从画裸体开始，而且所画服装不仅要让人感觉出身体的线条、服装的线条，还要配合人体有节奏的动作，让服装表现得更生动。服装画的重点是掌握服装的原型、身体动作和款式之间的关系。在服装发展的历史中看，人们围绕人体创作出了许多各异的服装形状。时装的变化发展与当时社会、政治和经济的影响有密切联系，这种联系在某种特定时期，尤其是居主导地位的服装在外型上能清楚地被看到，比如：哥特式建筑的屋顶尖风格在当时高顶帽和高跟鞋上呈现出来；“文革”时期，便是一片军服的海洋。外型常常用梯型和H型这样的形象符号表示。

以腰线突出女性形体轮廓分成上半部和下半部，这需要在视觉上成比例地平衡以达到和谐的视觉效果。

5.1 苗条型系列

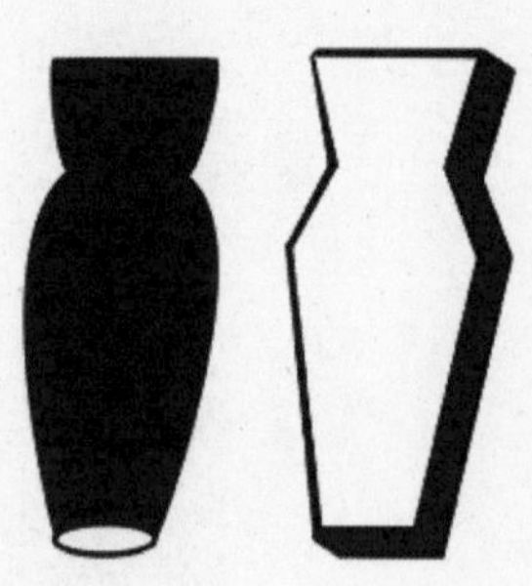

服装的外轮廓线也称外型线或剪影。服装的外型线是服装设计的重要因素，同样，服装绘画也离不开对服装外形型的理解。不同的外型线给予了服装造型不同的风格语言。服装发展至今，外型线已形成了一些基本造型形式。了解服装外型线对于设计是非常重要的。

紧身型又称苗条型，是指服装的外型线紧贴人体，身体的线条与服装的线条几乎一致。所以在刻画紧身型服装时，一定要注意服装线条与人体线条的关系，人体线条一定要正确，这样，服装的款式才能表现得准确无误。

变化款式

5.2 X型服装

X型的服装造型特点是肩部较平、较宽，腰部合体紧身直至臀部，从臀部以下逐渐展开，形成宽阔的下摆，下摆随着人体行动而左右摆动，呈现出优美而丰富的曲线变化，体现了女性的婀娜多姿。X型服装常用于礼服和表演服装的设计。画X型服装时，需要将人体远离视线的部分画小，而近处呈波浪形的下摆则不妨画得夸张些，以增加线条的生动性；应注意肩部和下摆裙幅的处理，用线要流畅、灵活，线条疏密处理要有变化，否则就会给人一种呆板的感觉。

变化款式

5.3 梯型系列

梯型服装的造型特点是肩部合体，较窄，手臂也较合身，不会过于宽松，从胸部至下摆则逐渐展开，形成“梯型”上窄下宽的外轮廓。描绘这类服装时，肩部以下、胸围开始，身体部分与服装之间有着较宽松的量，下摆自然形成大的波浪形，衣褶的描绘、波浪的形状必须依据面料的柔软、硬挺程度来决定，衣摆线条的描绘相应要显得轻松些。

5.4 倒梯型系列

倒梯型的服装，肩部较宽，从肩部至下摆逐渐收紧。此类服装款式造型为肩部较方正、宽阔，袖子也较宽松。在描绘这类服装的外轮廓线时，可以将人体略微加长些，注意下摆的收紧要符合人体外形，两侧由肩部到下摆是渐渐变窄，服装与人体的空间也逐渐变小，由于倒梯形的造型给人以威严、刚硬的感觉，所以线条也可适当地硬挺、有力些。同时，倒梯形也是男性的基本造型。

变化款式

5.5 箱型系列

箱型服装是由H型转化而来的。它与H型的区别是上装更加宽松肥大，下装则保持H型的宽松度，略微收紧些。所以从外轮廓来看，箱型造型的服装比H型富于变化，显得年轻活泼。此外，箱型多用于青年人的服装设计。在描绘这类服装时，动态需活泼，线条要流畅，自然、潇洒，同时也要注意上半身与下半身的比例协调性，人体应略微加长些，这样可以避免箱型服装粗矮的视觉效果，从而体现出活泼、富于朝气的特点。箱型的造型也同样适合男性的服装设计，是男装不可缺少的造型之一。

变化款式

5.6　O型系列

此类服装从肩部到腰部是逐渐膨胀的形状。从腰部到下摆部位是逐渐收紧的，形成了一个类似气球的椭圆状。此类服装可以是夹克类、羽绒类的休闲服装，也可以是华丽的礼服。在描绘时，要体现出从肩部到下摆的身体与服装的空间变化，以及由此产生的衣纹效果，衣纹的变化依据面料的厚薄不同而呈现出不同的纹路、褶皱；同时还必须注意服装宽松要适度，不要过于夸张。为了让画面效果更好，外形特点需要更加突出。画O型款式服装的人体应适当拉长，修长的身形更能体现O型的款式特点。

变化款式

5.7 宽松型系列

宽松型系列的服装除了领口、肩部贴身外，服装线条是远离身体的。

整件服装给人的感觉是宽大休闲的，因此，描绘此类服装时，人体的份量相对要小一点儿。

变化款式

5.8 H型系列

H型又称长方形。此类型的服装肩部略宽，两侧自上而下呈直线，整体服装较宽松，为H型的造型。在描绘时，要注意肩部和下摆部的宽度要一致。因此外形变化较少，易显得呆板，故在衣裙和着色方面要有疏密、松紧变化。H型造型也是男装常用的服装造型。

变化款式

5.9 绘制女人体着装步骤图

绘图步骤：

①根据款式的风格特点，选择恰当的女人体动态，并将女人体的基本型描绘出来。

②依据关节点连成线，完成一幅完整的女性裸体动态。

③在女人体的上画出服装的外轮廓线，注意人体与服装的关系。根据女人体的前中线，确定服装的领口，服装结构线及扣子的位置。

完成图：画出服装的具体款式，如领身的形状，门襟的样式，纽扣、口袋的位置，袖子的样式等细节，完成后擦去人体的线条。

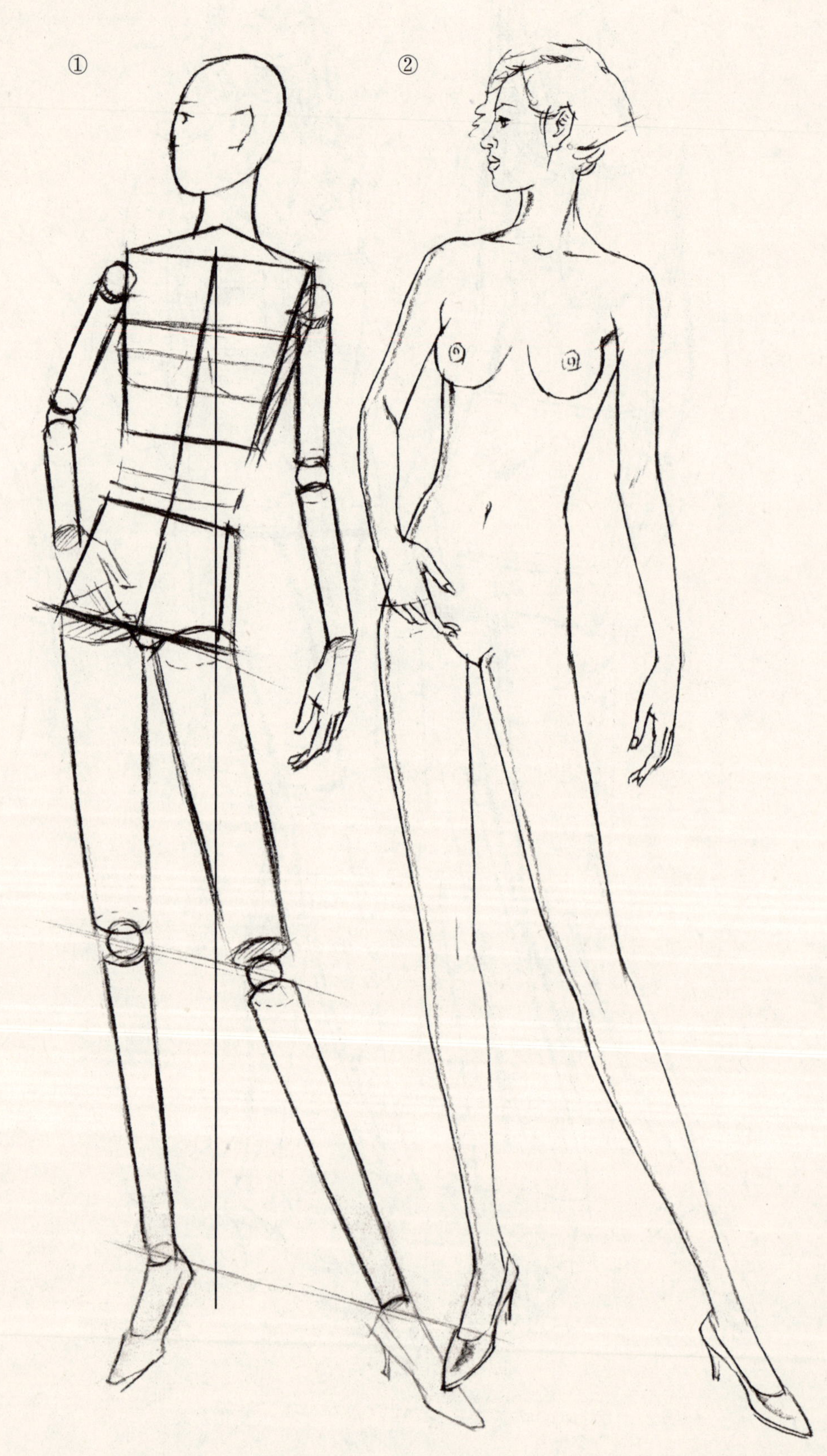

①
②

5.10 绘制男人体着装步骤图

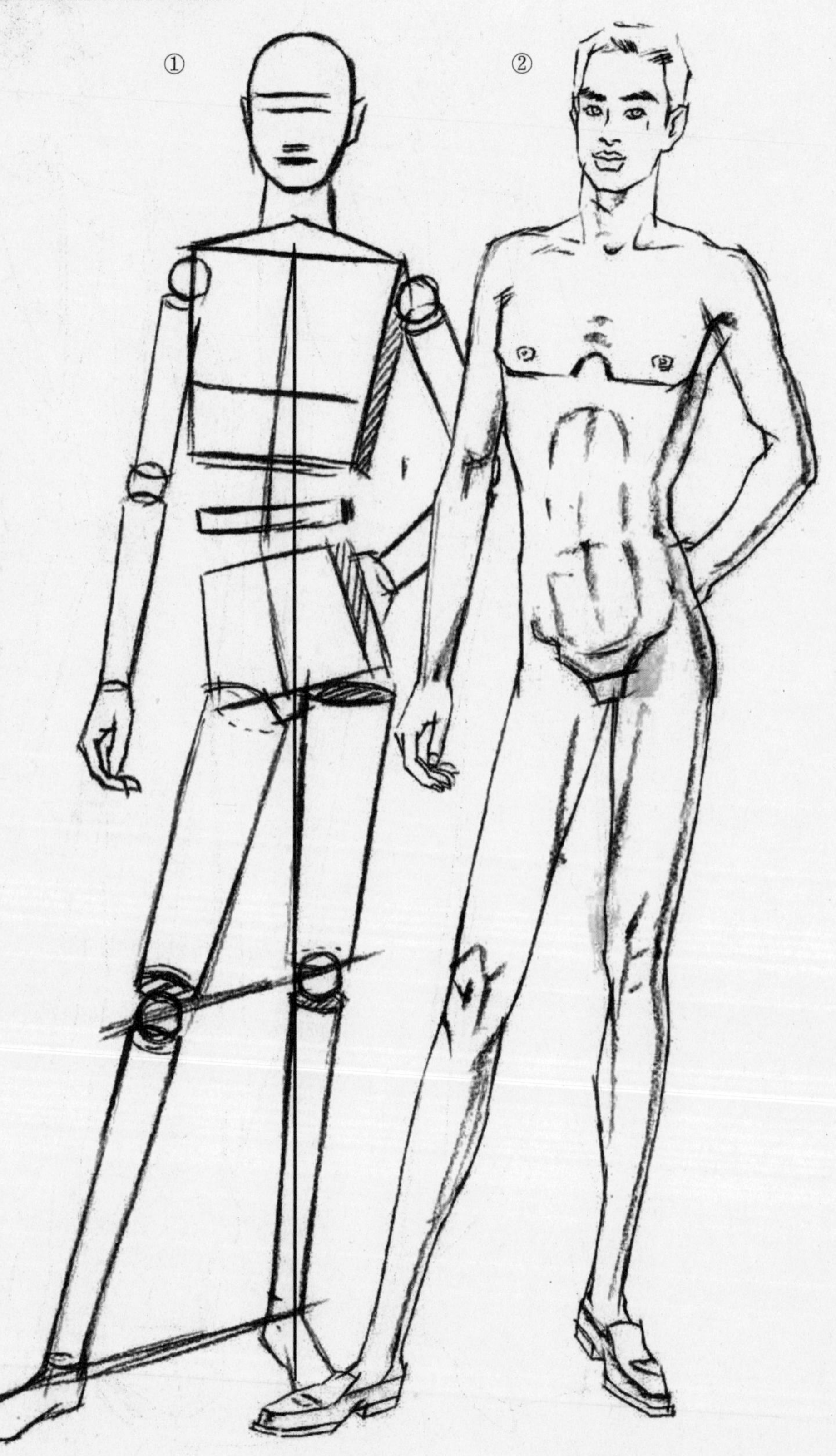

画男装与女装存在差别，男人体的服装画在动态上与女人体不一样，男人体应具有憨实稳重的动势、粗犷的线条，表现出强劲、有力的形象。虽然男装没有女装那么变化万千，但细节的刻画与合体是共同点。

男士的着装绘制步骤与女装一样。

③
④

5.11 男人体着装

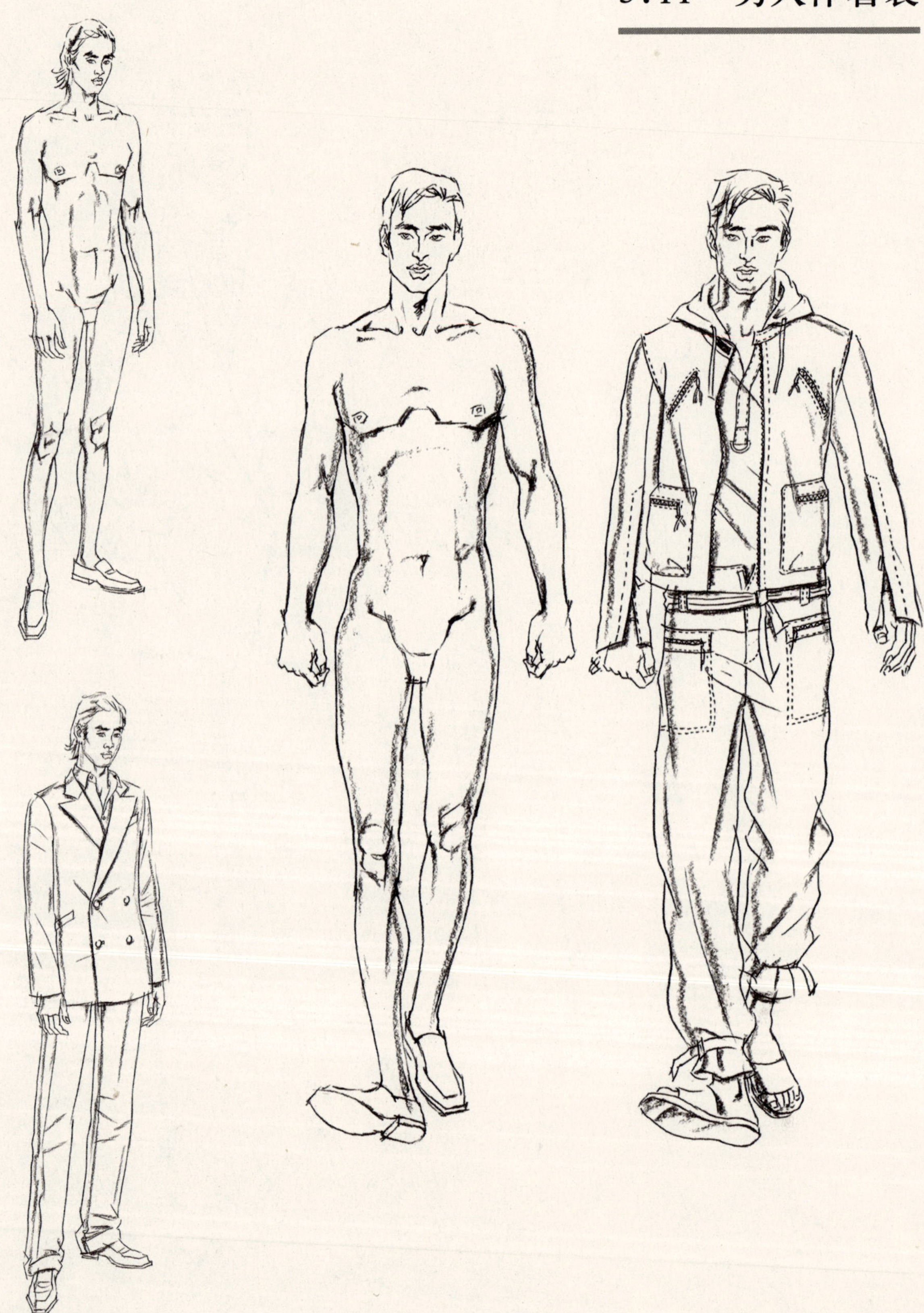

5.12 绘制儿童着装步骤图范例

儿童的着装步骤描绘同于女体着装和男体着装步骤图。在确定了童装的款式后，还要根据儿童不同的年龄段，选择相应的动态来进行表现。

3～5岁的儿童由于身体未开始发育，脂肪较厚，骨骼不明显，身体胖墩墩的，这个阶段穿着的服装都选用活泼可爱的款式，一般为舒适宽松，带有图案和花样的装饰，多褶皱、多花边的款式等。所以，3～5岁的儿童着装图都呈现一种纯真自然、活泼可爱、富于变化的姿势，线条运用不宜粗犷，应较轻柔、细腻。

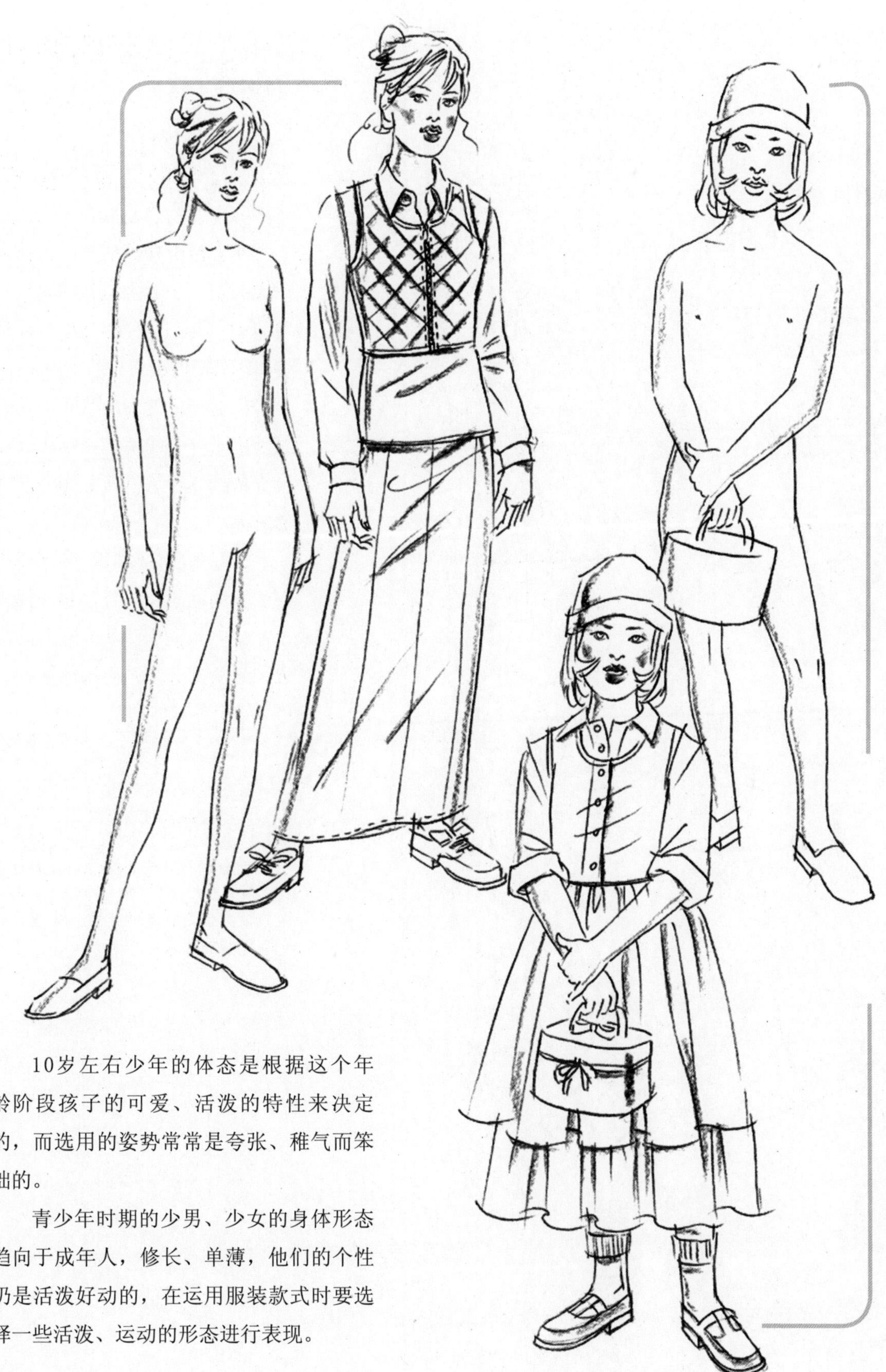

10岁左右少年的体态是根据这个年龄阶段孩子的可爱、活泼的特性来决定的，而选用的姿势常常是夸张、稚气而笨拙的。

青少年时期的少男、少女的身体形态趋向于成年人，修长、单薄，他们的个性仍是活泼好动的，在运用服装款式时要选择一些活泼、运动的形态进行表现。

5.13 外套的画法

5.13.1 画外套的步骤图

外套是指精致的男、女西服。广义来说，外套也包括休闲夹克，可以是男装、女装，也可以是童装。画外套时要考虑的重点是：

1. 选择最能表现款式的动态。服装应对称、均衡。以前中线作为检查依据，注意领口、领身及口袋的对称。

2. 线条应生动且准确，要把握好款式的袖子、口袋、扣子的规格尺寸、面积大小。从左往右画，左边画好的部分是画右边的依据，这样才不会使画面杂乱。

画外套步骤图简述。

标出衣袖与服装下摆的长度，画领身，领身的造型要对称。上领要绕过脖子落在肩部，用虚线标出口袋的位置及透视关系。

画口袋、省道和缝线，省道、缝线用线要细而挺拔。

5.13.2 女衬衫

女衬衫是柔软宽松的女士上衣，可以配短裙或裤子。男女衬衫的领口可以根据领身的尺寸、细部装饰以及面料的变化创造出不同的款式。

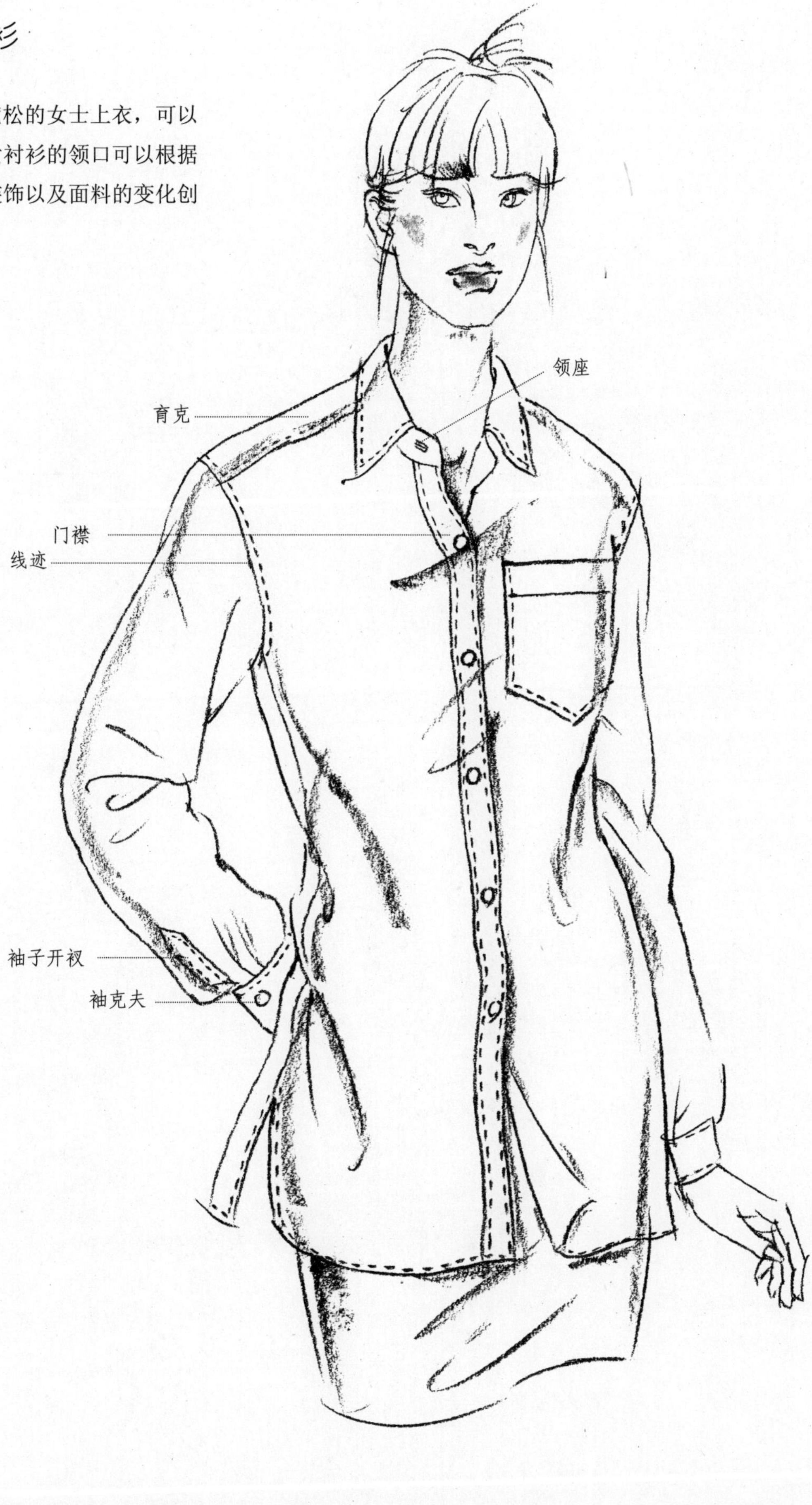

领座
育克
门襟
线迹
袖子开衩
袖克夫

猎装式

胸袋、肩襻以及卷起的袖子强调休闲风格。

腰裙式

上衣设计有小短裙（腰裙），可以分成两片裁剪，也可以直接裁剪而成。

荷叶边式

门襟、领口及领身设计有荷叶边的女衬衫。

扎结式

长条形领片在前身打结或系成蝴蝶结。

马球衫式

一种休闲风格的衬衫，采用针织面料，开领，短开襟。

短夹克式

上衣宽松、下摆带有合体腰头的衬衫。

男衬衫式

直接裁剪，带克夫的袖子和门襟都借用了男衬衫的元素。

裹襟式

两片前衣片相互重叠，并在一侧打结。

5.13.3 外套

外套是一种基本的外穿服装。外套包括休闲夹克，可以是男装、女装，也可以是童装。不同的款式在长度、宽度、外轮廓、裁剪方式以及细部方面都有其独特之处。

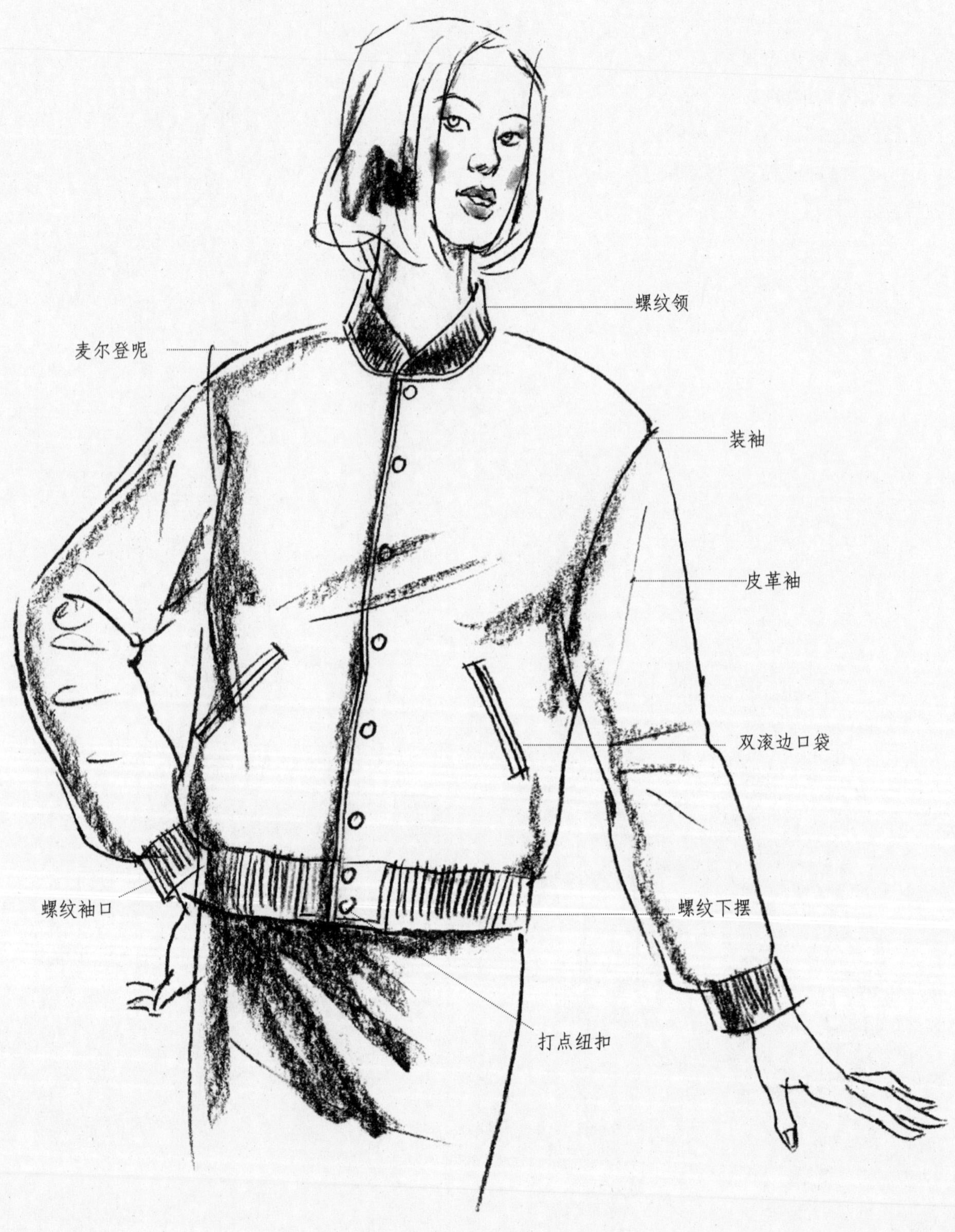
螺纹领
麦尔登呢
装袖
皮革袖
双滚边口袋
螺纹袖口
螺纹下摆
打点纽扣

牛仔夹克

蓝色斜纹布齐腰夹克，起源于美国西部工人工作服。

休闲西装

精致优雅的休闲西装，单排扣或双排扣，带有翻驳领。

短外衣

短而宽松的外衣。

精致西服

一种精致女外衣，腰部合体，设计有经典的翻驳领。

夏奈尔式

一种无领上衣，采用夏奈尔粗花呢，以镶边为特征。

无领开襟式

长及臀围，低领口，无领外衣。

5.13.4 大衣

大衣是指穿在最外面的服装。长度在膝盖以上称为短上衣，及膝长度称半长大衣，膝盖以下称长大衣。

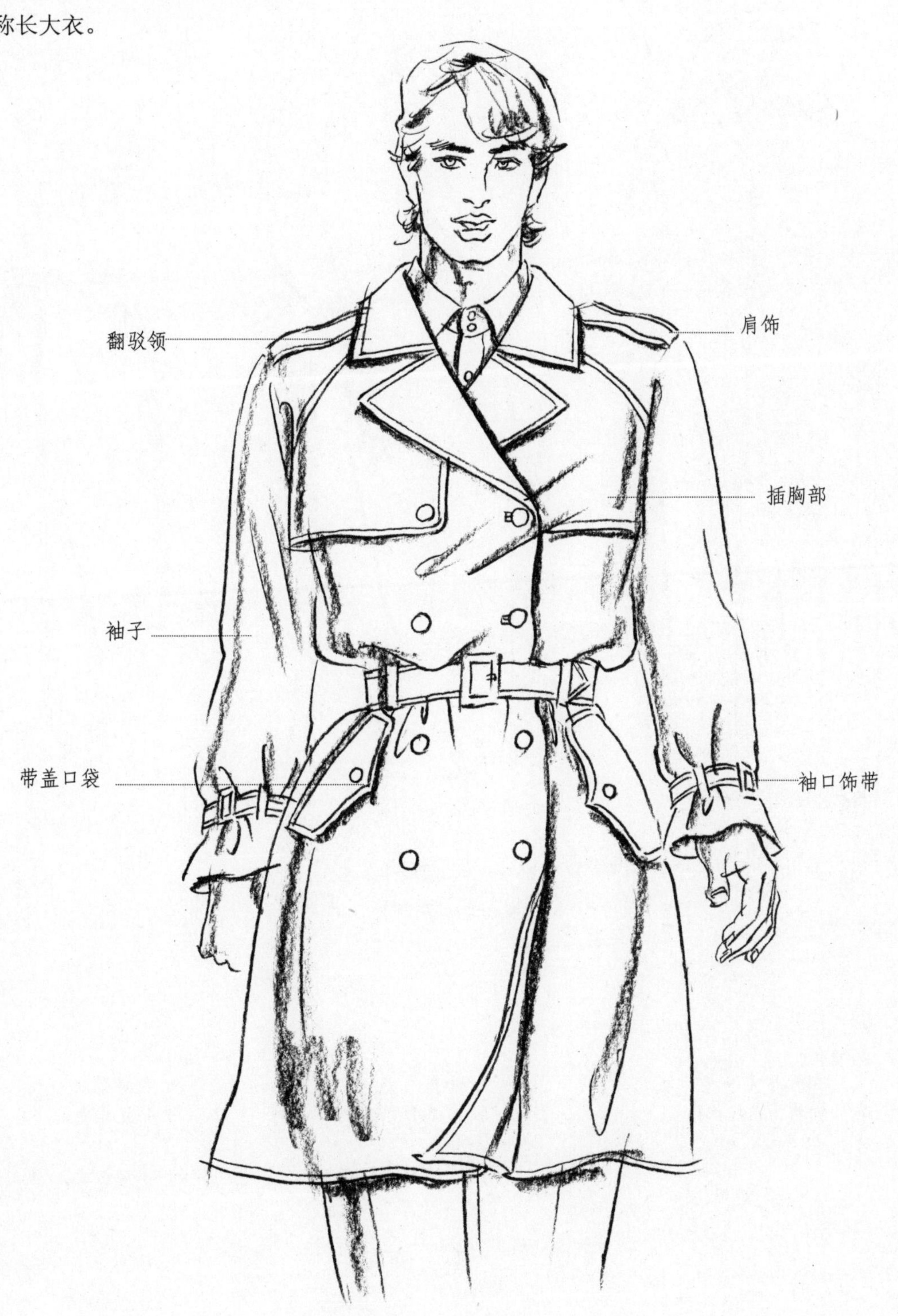

插肩式

男式宽松大衣，插肩袖，通常为暗扣门襟。

合体西服式

优雅合体型大衣，有制服式上翘的翻驳领和带盖口袋。

运动式

直筒型及膝长大衣，带有明显缝迹线设计。

休闲式

粗花呢大衣，大贴口袋，带锁扣。

战壕式

宽松大衣，系腰头，肩襻、垫肩和袖襻是此款风衣的典型细部。

厚重长大衣

厚重面料的男装大衣，宽翻驳领，通常为双排扣。

5.13.5 连衣裙

连衣裙装是女性的基本外衣，是上下连为一体的女装。

大衣式
通开口，系腰头，面料厚实。

直筒式
衬衫式直缝裁剪，无腰线的连衣裙。

衬衫式

宽松式，有袖口和男式衬衫领，前襟通开系扣，系腰头。

无带式

紧身合体的无袖上衣，部分采用鱼骨支撑，有时也用细吊带。

围裹式

舒适宽松，有腰头。

帝国式

胸下带有袖褶的高腰线裙。

晨礼服

一种优雅的高领口长袖裙装。

公主式

纵向公主线，上衣部分紧身合体，下摆展开。

直缝式

将褶裥裙缝合到加长的直缝裁剪的上衣上。

细腰式

带有翻驳领的合体女大衣，纵向破缝，宽下摆。

5.14 服装局部画法

5.14.1 领口、领身、领线

1.领口：领口是围绕脖子的局部设计，它衬托着脸，其造型相当重要。

领口的造型有圆形、方形、V字形、船形等。这些领口根据设计的需要可高可低。并通过高、低、大、小的规格尺寸变化产生新的造型。

画领口的第一步是找准前中线。前中线的位置不能偏离，否则领口的形状就画不准。前中线是随着人体的转动而转移的。

在侧转的角度中，远离的一侧领线短，近的一侧领线长。

在画领口时，必须了解领口是要完全围绕着脖子造型的，并与肩膀和胸部相联系。

有些领口紧依脖子，如宝石领；有的领口到胸部，如“V”字领与方领。画领口时，要注意领口两侧的对称特征，不能随意。

除异形领以外，领口、领身的刻画必须注意线形的对称与规范，不能改线条。

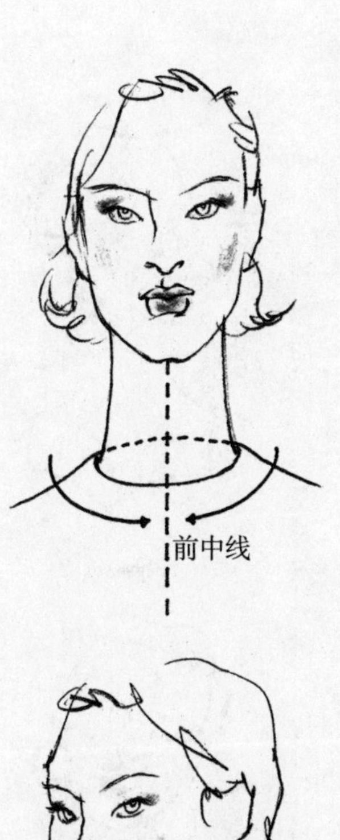

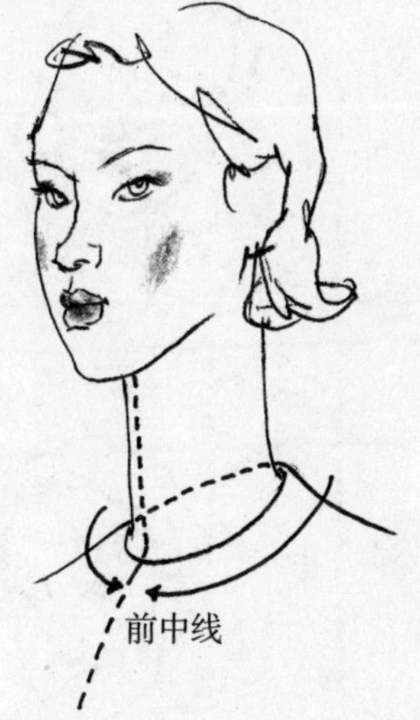

甜心领口
悬垂领口
方领口
圆领口
船形领口
大圆领口
V字领
U字领
漏斗领
切口领
不对称领
落肩领

2.领身、领线：领身一般是根据领口的变化而变化的，但也有其独立性。领身因款式风格不同而造型各异，大小不同。从中式立领到大披肩领，传递出保守或奢华的观念。

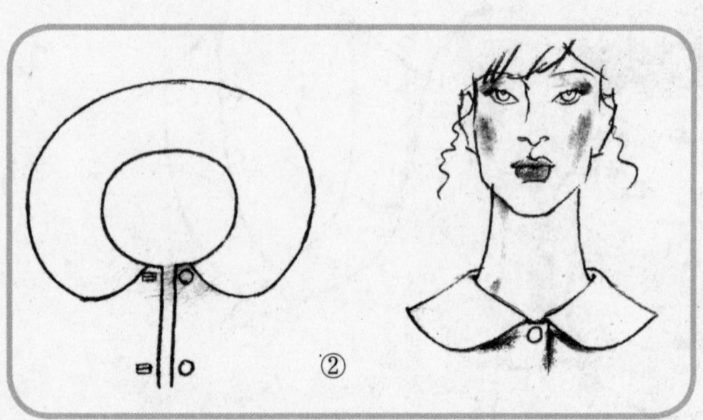

①如果领口是圆形，而领身是直线，那它呈现的凹形就会远离脖子。

②如果顺着领口设计领身的造型，那它所呈现的凹形就贴近脖子。

领子的面料质地、薄厚会使翻领产生不同弧度的形状，刻画时一定要注意。

当领面翻过来，翻折处靠近脖子的部分叫做翻折线。

图上虚线标明的位置是翻折线，翻折线随面料的质地而呈现或薄或厚的转折。

厚面料

中厚面料

薄面料

画领身时，首先要注意的是领口的造型，领身是依据领口往上开，还是往下折翻。脖子的圆柱体及肩部的造型是设计领身的要素之一。

无论画正面还是侧面领身，前中线的确立至关重要，前中线稍有偏离，领身就会被画错。

前中线确立后，一边画好后再画另一边。$\frac{3}{4}$侧面，画好的领口，远离的一边小于近的一边。

运用基本型的原理，如方形、梯形画领身，这样能做到万无一失。

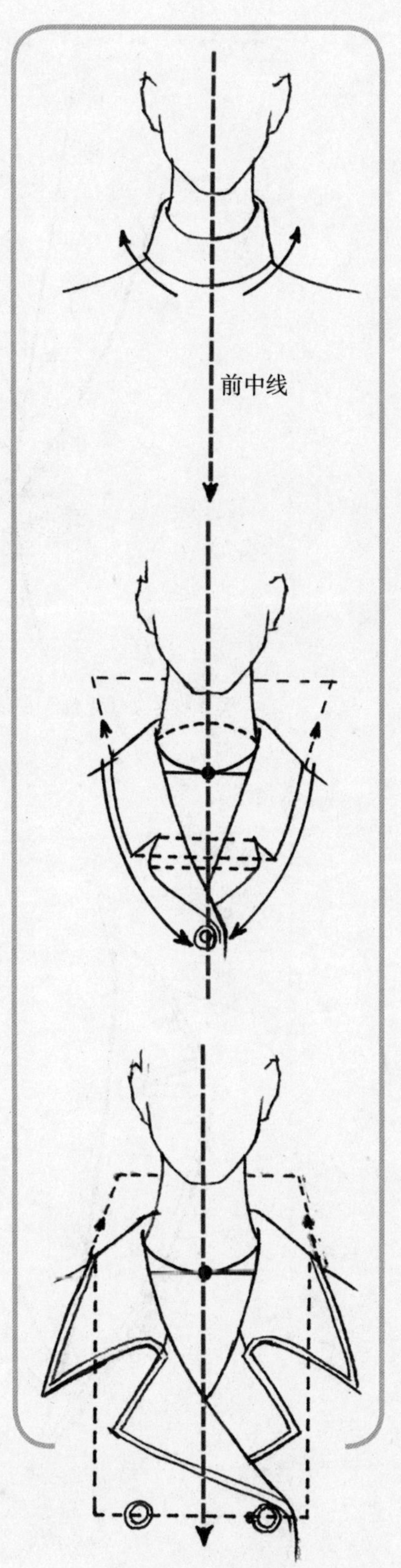

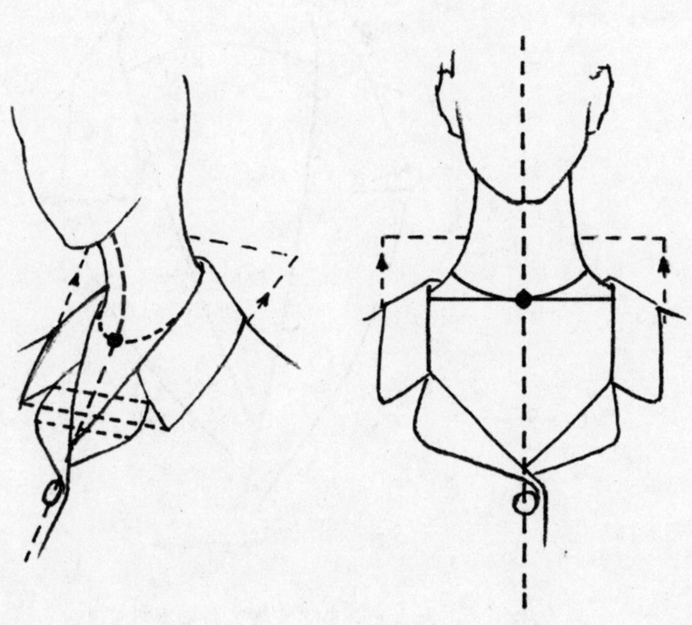

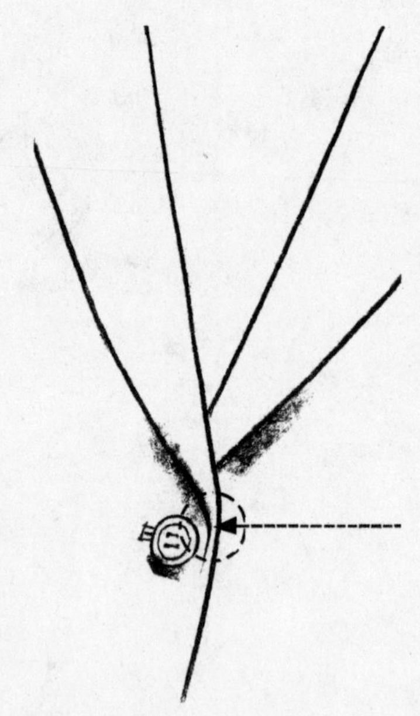

领身收尾处（虚线）需注意线与线不要相连

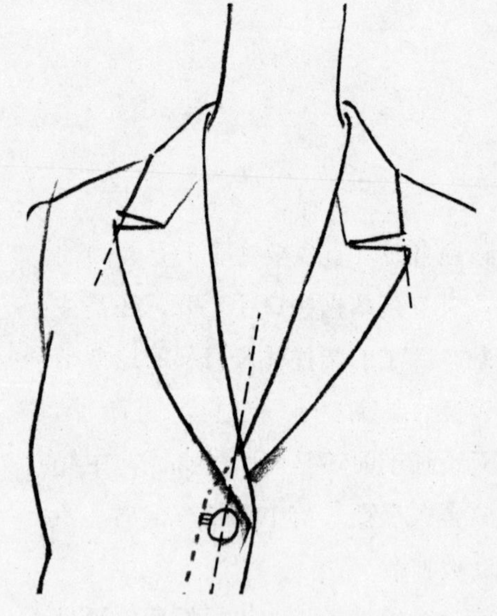

前中线与扣子的位置

缝线的造型

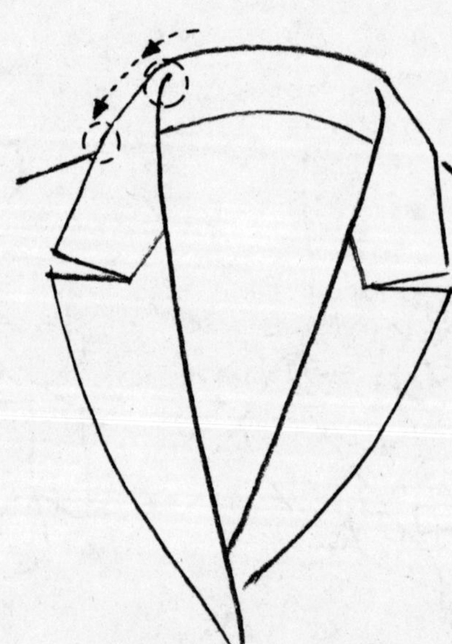

领身的两处（虚线）转折表明面料的
厚薄与肩线的关系

领身要根据人体的颈部、肩部款式造型进行设计，所以要注意颈部与肩部的关系。领身本身是由领口、领座、领身组成的。领身的画法是根据领的造型而进行的，领宽是指锁骨颈窝处的中心线往两边横向延伸的领口造型；领深根据领窝与领口距离进行高低的变化。画翻领时，要画出领的翻折线。领身前中线与人体前中线应一致。如果不是正面姿势，就应注意透视关系。

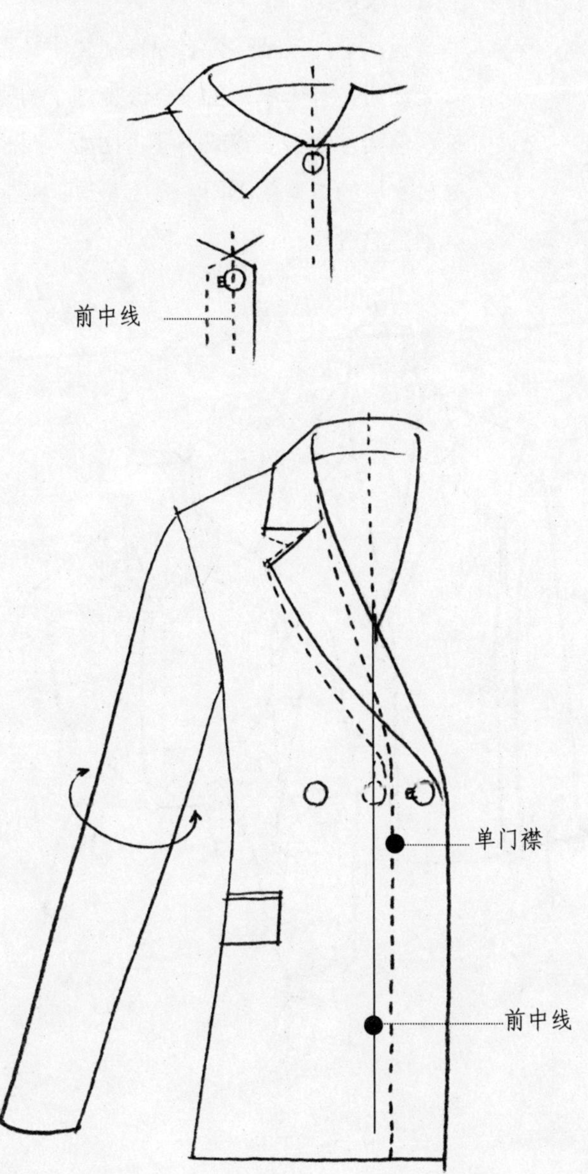

5.14.2 接袖与袖口

袖子有插肩袖、圆肩袖、泡泡袖等。

画袖子最重要的是准确地把握造型与尺寸，如有垫肩会影响接袖部位的造型。手臂垂直时，袖子的造型完全被展示；手臂运动、弯曲时，袖子会形成褶纹。

在画设计稿时，手臂的动作须依衣袖的造型来决定。

画袖子，接袖部位必须特别关注是否有无垫肩，有无垫肩虽不能改变袖子的原理，但接袖线会上移或下移。比如，西装与衬衣肩的造型就不同。有无垫肩，会影响袖窿的造型。

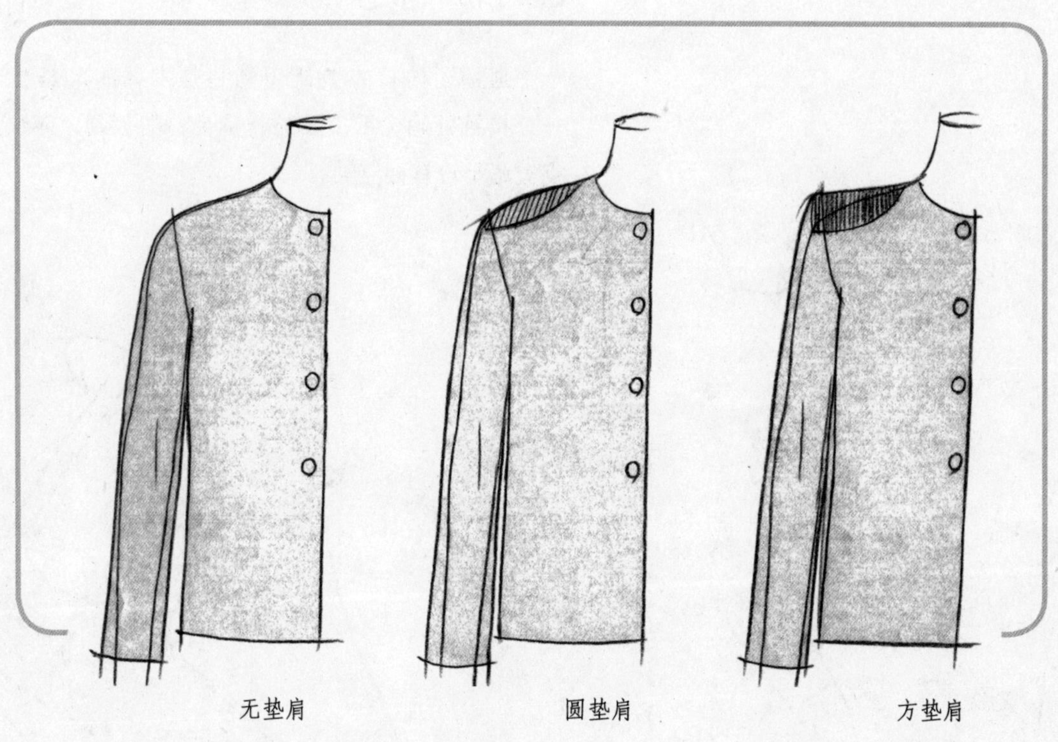

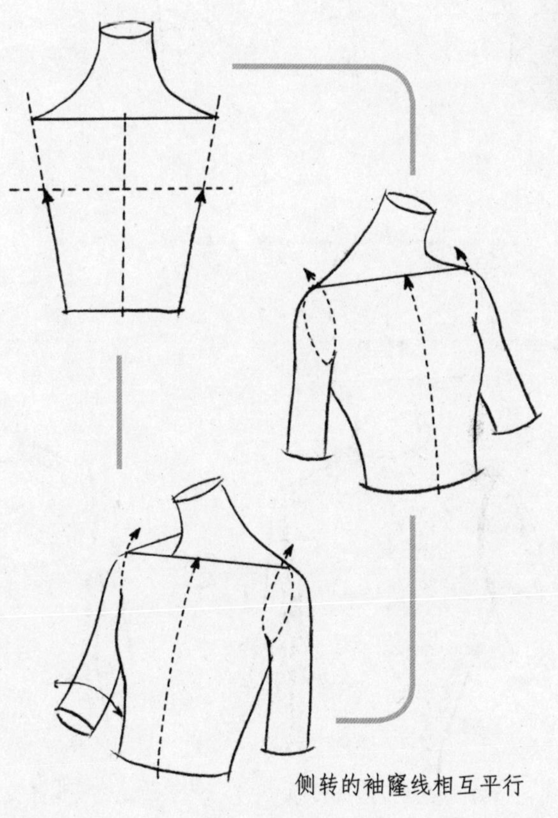

袖窿是衣袖与衣身的连接部位，是穿衣时手臂必经之处。画服装正面时，接袖处的两边袖窿呈现直线造型；画服装侧面时，两边接袖处呈现弧线状态。

在画插肩袖的接袖缝线时，弯曲或拉直必须依服装造型及身体的动态来决定。门襟处不能画成锯齿状，勾勒必须清晰简洁。

画弯曲的袖子时，在注意它是立体的同时，紧贴胳臂的部分以手臂的外形线为造型依据，远离胳臂部分以袖子的尺度为准。

侧转的袖窿线相互平行

5.14.3 袖子

画袖子，首先要认识到它是立体的，是一个圆柱体。接袖处确定后重要的就是袖口的刻画，应注意有袖克夫还是没有袖克夫。

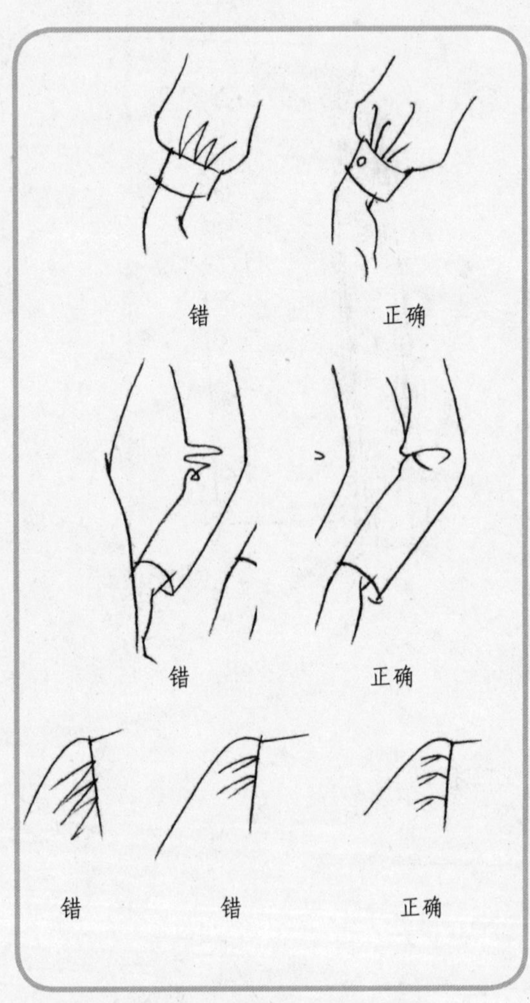

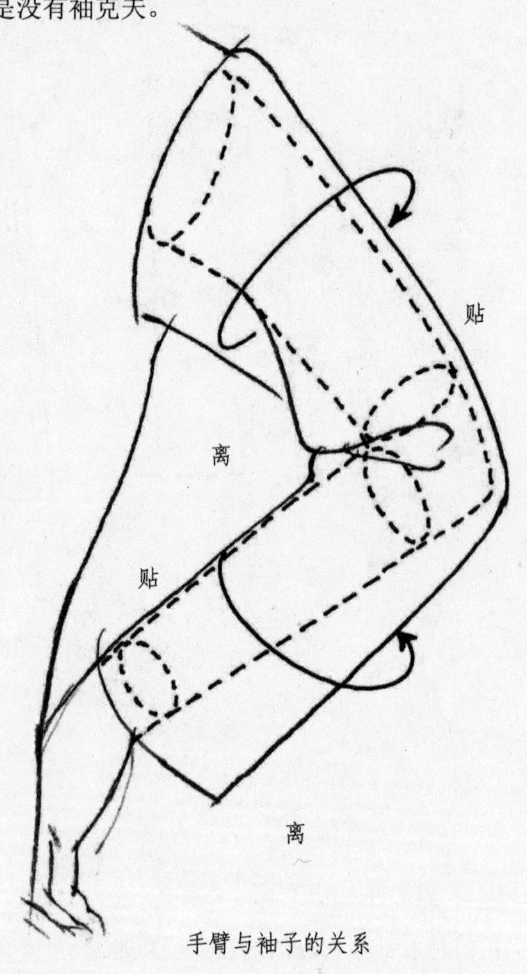

手臂与袖子的关系

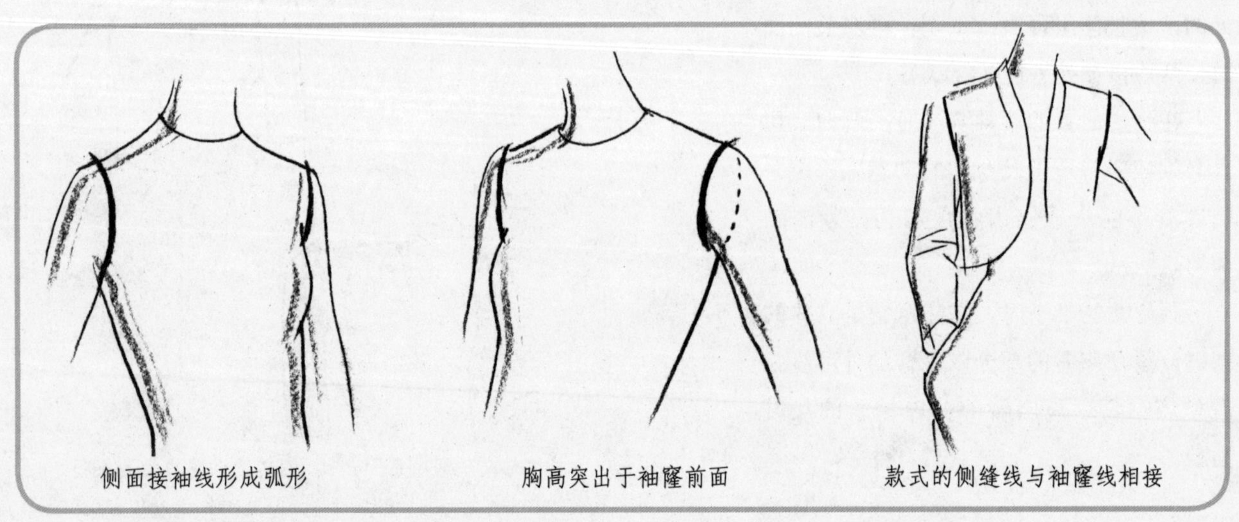

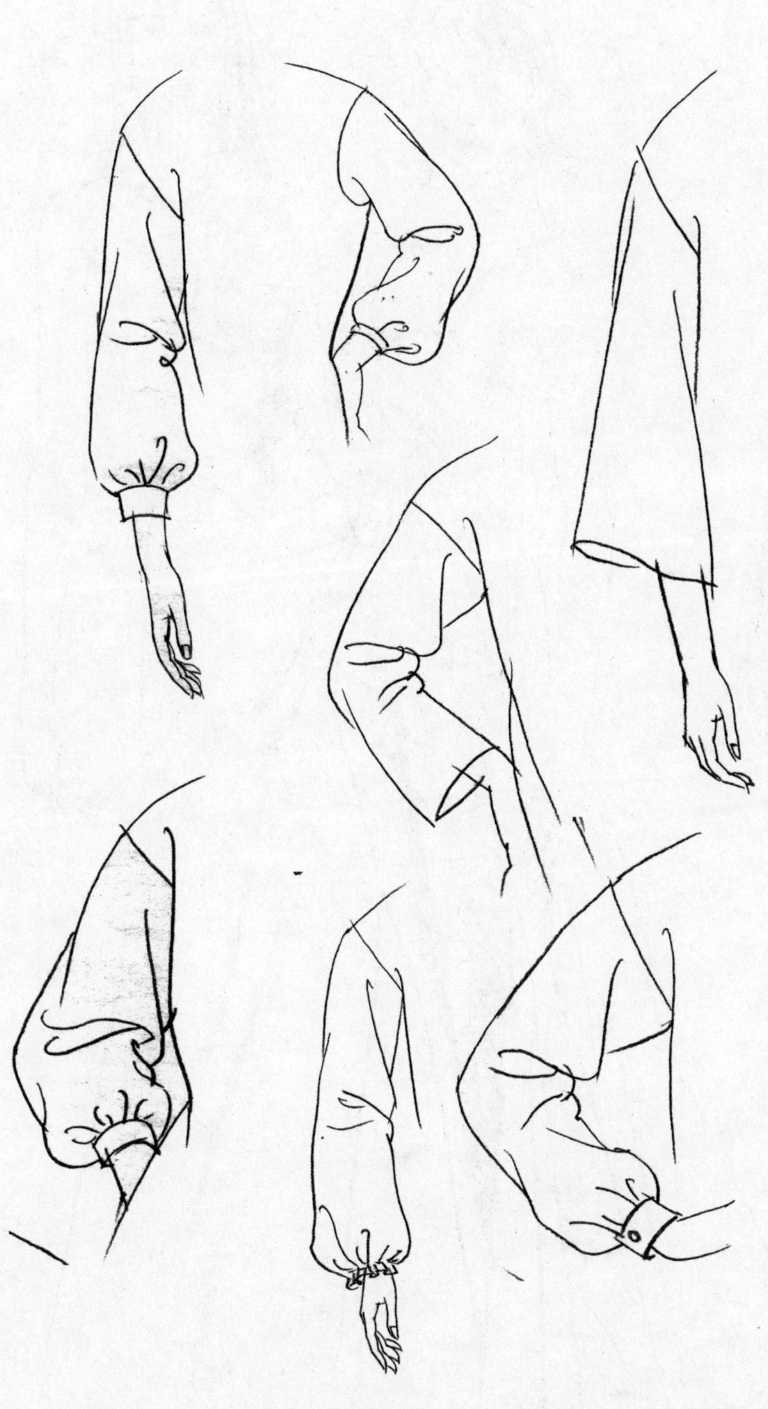

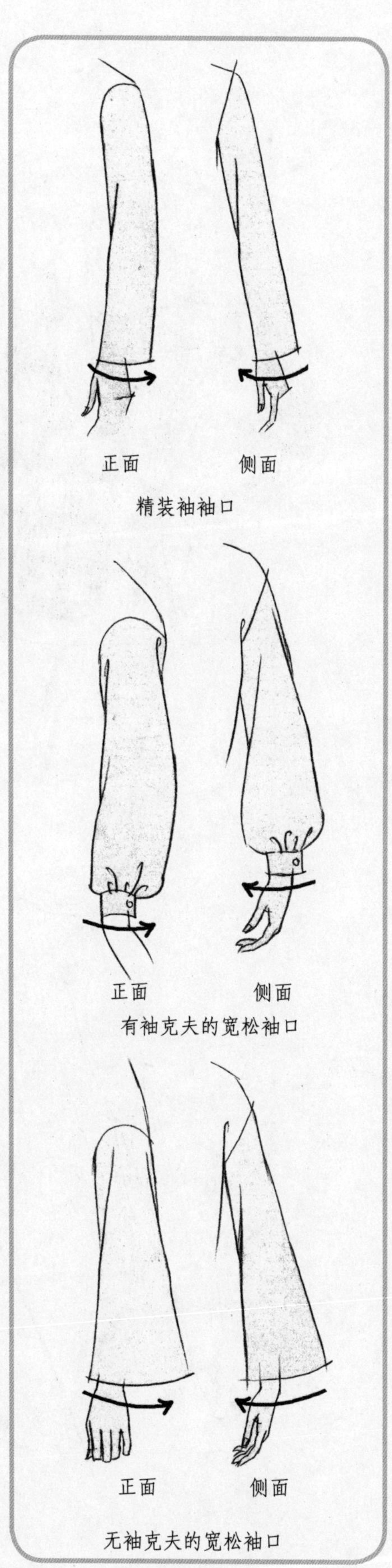

精装袖袖口

有袖克夫的宽松袖口

无袖克夫的宽松袖口

手臂的动态不同，袖子的褶纹就会不同，尽管上臂与前臂弯曲的肘部处总是形成褶纹，虽有变化，但也有规律可寻。

第6章

服装画线条

服装画通常是以线条为主要表现手段，这可以避免自然光对物体的影响。服装画以表现服装款式结构和面料质地以及服装的艺术形象和独特造型。服装画中，线条的运用要求简洁、肯定、明确、整体而流畅。因此，对人体的形体结构、面料质感和款式结构特征的研究是必不可少的。强调结构、造型，就是以线为主要表现手段的服装画的明显特征。

服装画的线条有直线和曲线之分，在直线中，又有垂直线、水平线和斜线之别。垂直线表示高度，斜线表示深度，水平线表示宽度。这些线条在服装画表现中，可以展现服装的款式和运动的方向。曲线形态多样、活泼而有流动感，可以表现服装丰富的造型和柔和的体态。

线又可以分为中锋、侧锋两类。中锋主要用来刻画服装的大体外形和用作形体的主要骨干线。侧锋用来补充中锋，起到线条变化的作用，用以表现形体的转折和起伏。合理运用中锋和侧锋，可以使画面丰富、生动，更具艺术性。

线条的运用是随着面料质地和色彩而变化的。如同一服装款式，用丝绸面料和毛料，在描绘时，采用的线条就会不同，效果也不大一样。细的线条表现轻薄、柔软的面料，粗的线条表现厚实、硬挺的面料。直线让人感到平坦，曲线让人感到轻柔。色彩方面也有类似的情形，浅色，用线要细；深色，用线应粗。

6.1 线条的应用范围

线条的应用范围：

1. 均匀线：用近似国画中的中锋用笔，使线条粗细均匀、清晰流畅，有力度。均匀线适合表现一些轻薄、柔软面料的服装。

2. 粗线：可用中锋，也可用国画中的侧锋用笔，线条粗犷、古拙、浑厚有力，变化丰富。粗线更适合表现毛料、针织面料、手工编织等服装。

3. 粗细结合的线：线条粗细兼备，则刚柔相济，生动多变，适合表现各种面料、质地的服装；或以粗线为主、细线辅助，或以细线为主、粗线辅助，均可以达到所要表现的服装面料质感的目的。

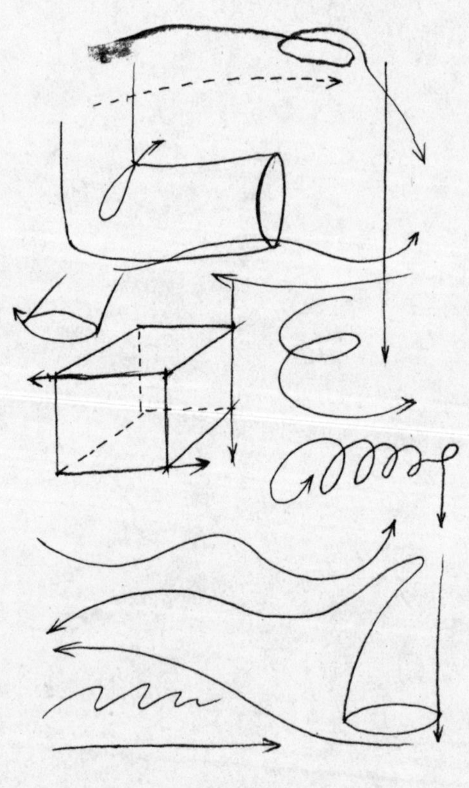

6.2 线条与质感

1.透明织物：雪纺绸、乔其纱、丝绸、薄纱及其他透明织物等。画此类织物时，线条要有虚、有实，变化要丰富，裙摆的褶裥线也要若隐若现。

2.贴身织物：针织面料、天鹅绒、斜纹毛织面料等，描绘时，可粗细线条结合使用，物体的边缘轮廓圆实，用笔以侧锋为主。

3.膨起织物：凸纹、府绸、花缎、罗缎面料等，描绘时，线条可粗，物体的边缘轮廓圆实，衣纹稍带硬角。

硬脆织物　　柔软织物

4. 厚重织物：毛巾布、驼绒、粗花呢、灯芯绒等，面料的厚度在领口与袖口处最易表现出来。服装廓型笨大、宽松，衣纹和碎褶合拢，裙摆的边缘圆实。描绘时，用中锋刻画的同时辅以侧锋，更能表现面料的质地，并注意用细线表现面料的纹理。

5. 硬脆织物：丝光棉、亚麻织物、塔夫绸、玻璃纱等。画这类面料时，落笔要快，线条要方中见圆，衣纹、碎褶硬挺，总体的形态是蓬松的。

6. 柔软织物：薄纱、绉绸、棉法兰绒、平纹织物等，描绘这类面料的服装时，线条要挺括干脆，以中锋为主。裙子垂下纤细的柱状褶，裙摆柔软。

厚重织物

6.3 垂坠的画法

画服装画时，最重要的是要将服装的设计要点表现清楚。如服装款式的基本造型，服装的宽窄，袖长和接袖的情形，前襟的长度和扣子的位置等。

6.3.1 垂坠与荡领

垂坠是服装表现不可或缺的重要因素之一。形成垂坠不外乎两种形式：第一种是下垂的垂坠，似挂下的窗帘；第二种是一个或两个支点下垂形成的褶纹。使服装产生垂坠有两种方式，一是款式本身所拥有的垂坠；二是服装在穿着时自然形成的垂坠。垂坠在服装设计中大多应用在裙装和晚礼服中。垂坠用得到位，会使人体产生梦幻、动人的韵律感。

6.3.2 三角形垂坠

图A中以一个点为支点，使面料下垂形成筒状垂坠。

图B中以两个点为支点，使面料自然垂下成为三角形的垂坠，荡领是两个支点的例子。荡领用得最多的地方是前后领。三角形垂坠也可以用在裙子、裤子和袖子上。绸缎、双绉雪纺等软面料垂坠感最好。

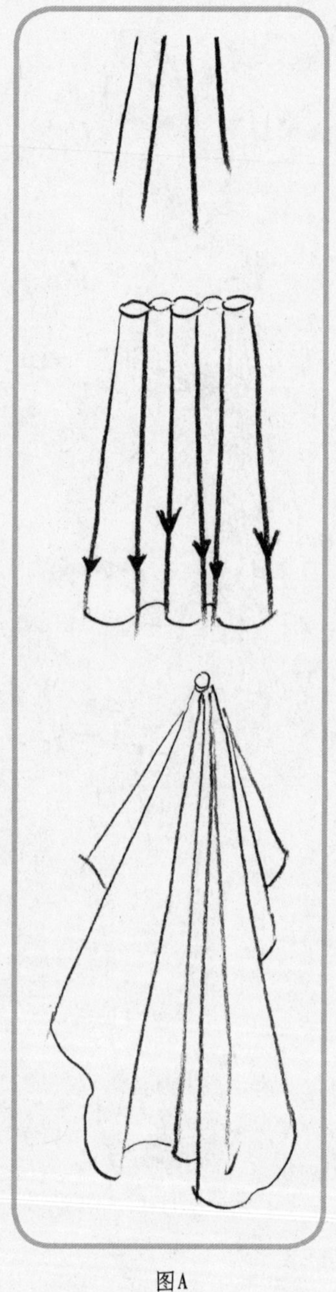

图A

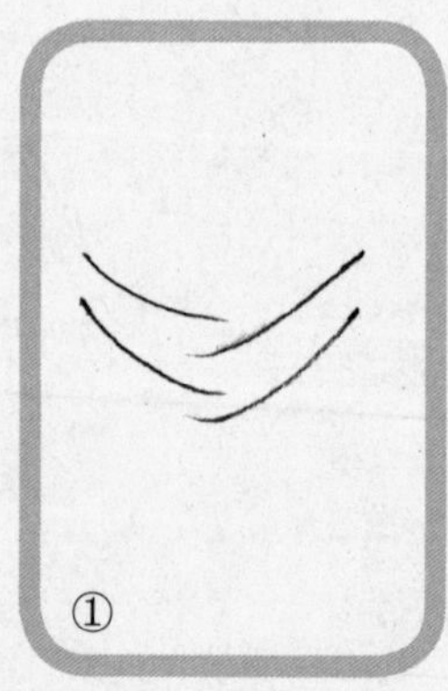

①

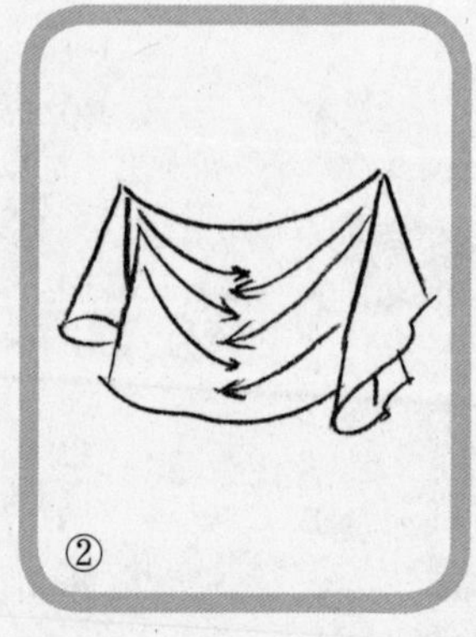

②

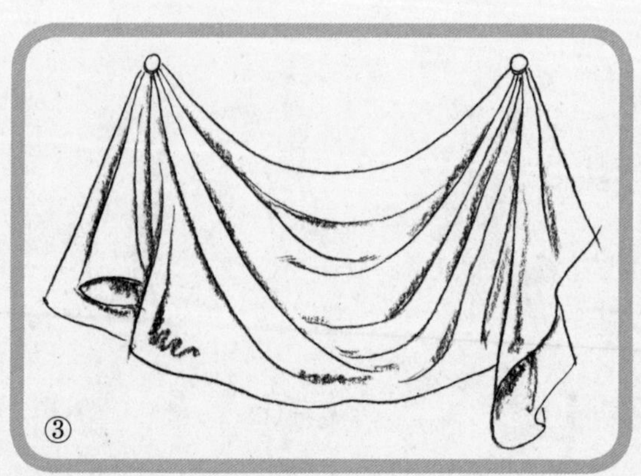

③

图B

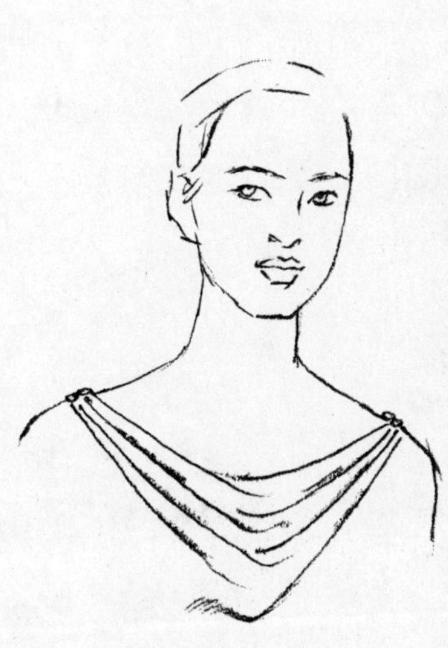

肘部支点下垂

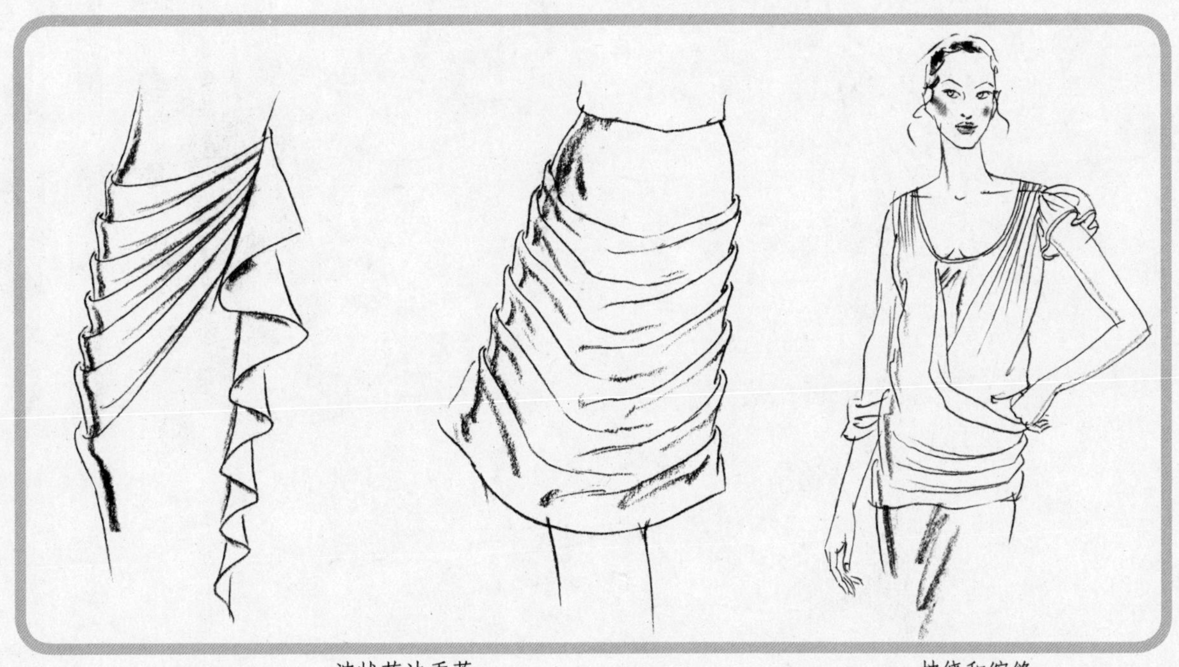

波状花边垂落　　　　披绕和缩缝

6.4 裙子的画法

裙子是指围绕人体下半部、与裤子结构不同的服饰单品。它通常由腰线开始，可高亦可低；长度则可以根据设计的需要或长或短。画裙子时要始终记住它是立体的、似圆筒形的。腰围与裙摆这两个椭圆形是随着臀部一起倾斜的，从腰围线到裙摆底边线两边的长度应基本相等。

无论是画长裙、短裙还是宽松裙，都要注意裙子上的褶和裥等装饰工艺。当然，也要注意着装后，人物活动时产生的线条，它能起到烘托气氛的作用，体现女性婀娜多姿的体态。

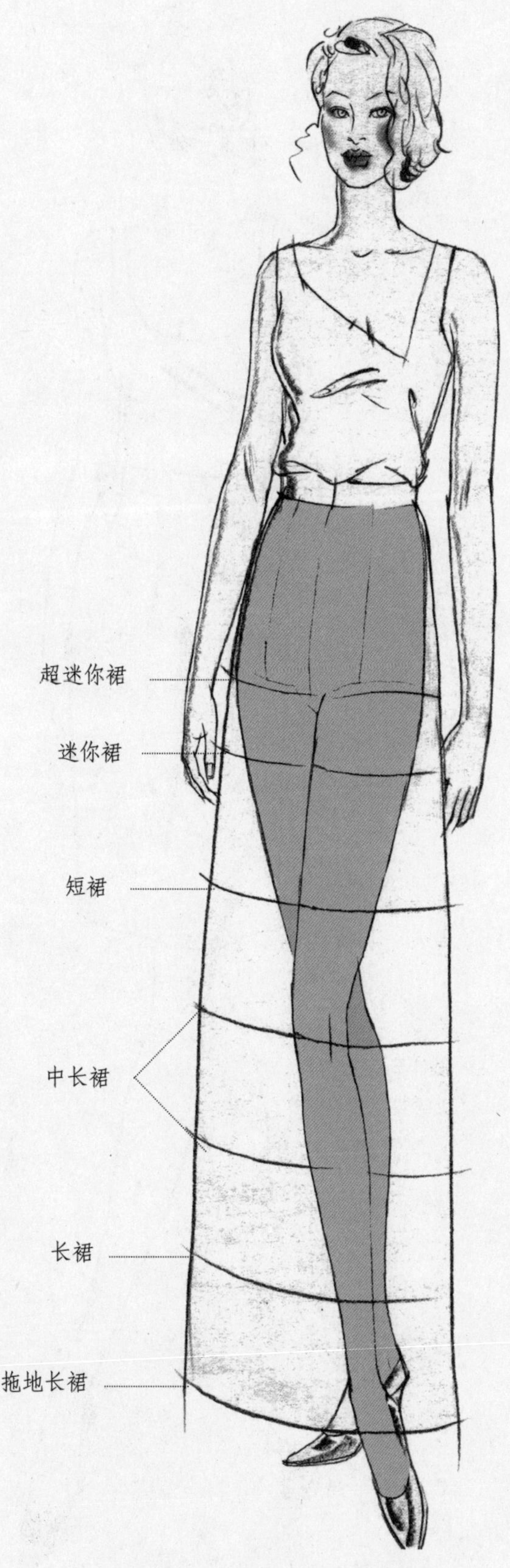

6.5　直筒裙

直筒裙，似一块面料包裹臀部而形成圆筒状，画直筒裙时，只画省道、打裥、抽褶或缝线即可，而多余的面料将收进腰中。

裙摆的增宽并不影响裙摆底边线与腰围线的平行。影响裙子褶裥的疏密与裙摆转角弧度大小的是面料的厚薄与质地。

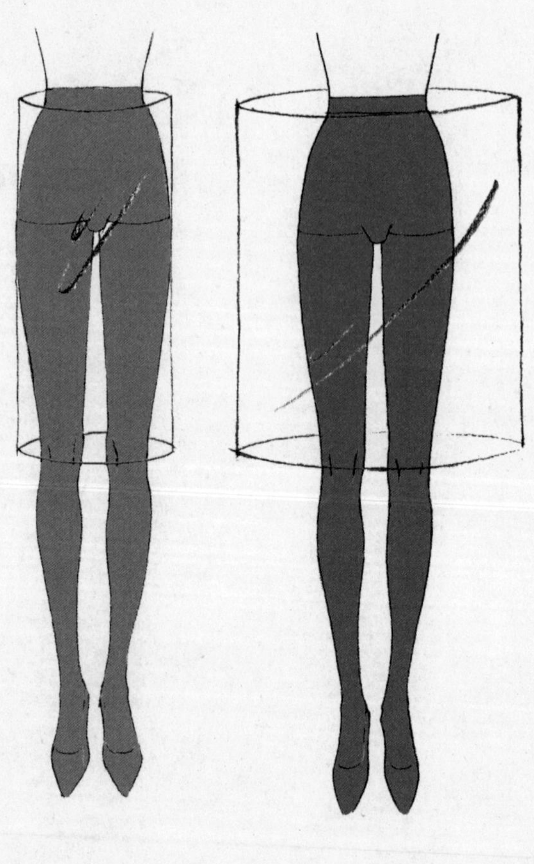

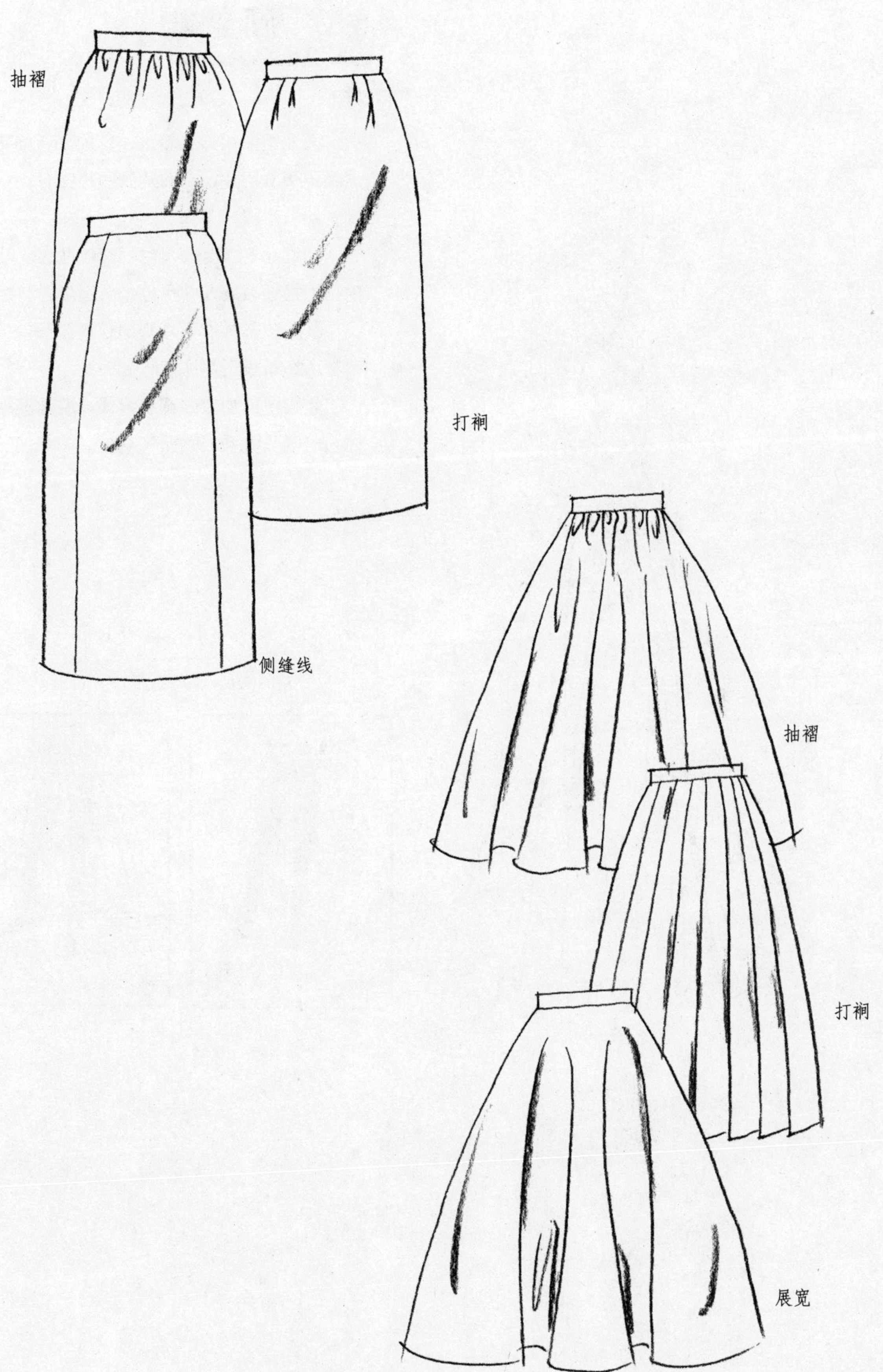
抽褶
打裥
侧缝线
抽褶
打裥
展宽

6.6 圆台裙

圆台裙的裙摆比较大，形成展开的裙摆。这类裙子的裙片，从两片到四片都有。

绘画步骤：

①画出轮廓线，腰到臀部的造型是合身的，下摆逐渐展开并形成一个圆形。

②在腰部画出不规则的松垂筒形，上窄、下宽，线与线之间注意疏密关系。

完成图：加上碎褶和缝线，并适度地用侧锋扫出凹凸关系，烘托气氛。

6.7 荷叶裙

荷叶裙的每一层都可以当做一条碎褶裙来处理，层层相叠，好似瓦片。

绘画步骤：

①先画出A字形的基本裙造型。腰部与每一层的荷叶边下摆都必须是平行的，从上往下画，勾画出重叠的效果。

②注意筒形要有大有小。先画主要结构线产生的对比关系，然后勾勒碎褶。

完成图：用侧锋灵活画出层次关系，完成此图。

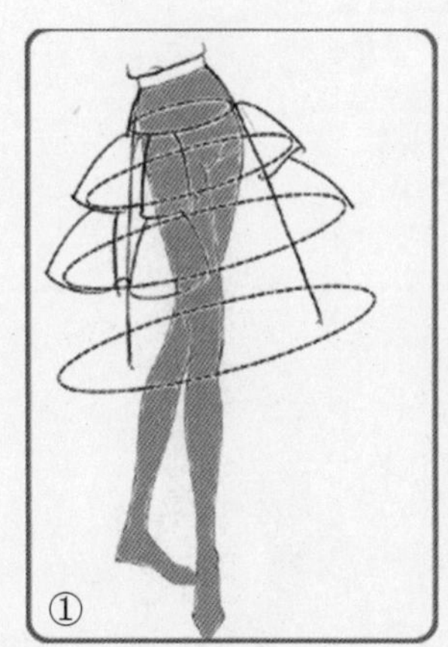

6.8 塔裙

塔裙是以A字形为基本廓型，以碎褶裙为基础的，每一层褶都缝在上一层的底边下，宽松，呈筒形。

绘画步骤：

①画出基本廓型，用长线条画出松垂的筒形。

②画出每一层裙摆的底边，裙摆的底边线要与腰围线平行。

完成图：完成每一层的松垂筒形后，再在每一层接缝处向下画不规则的碎褶，完成此图。

6.9 机褶裙

顾名思义，这款裙子上的褶子是使用压褶机压制而成。裙子的前片是块整料，两边带有刀形褶。

绘画步骤：

①画出A字型裙轮廓，腰围线随裙摆底边线倾斜，然后画出褶纹线。

②裙摆线与褶纹线形成三角形，注意裙子整体保持A字型。

完成图：用侧锋扫出凹凸，突出服装图的结构线。

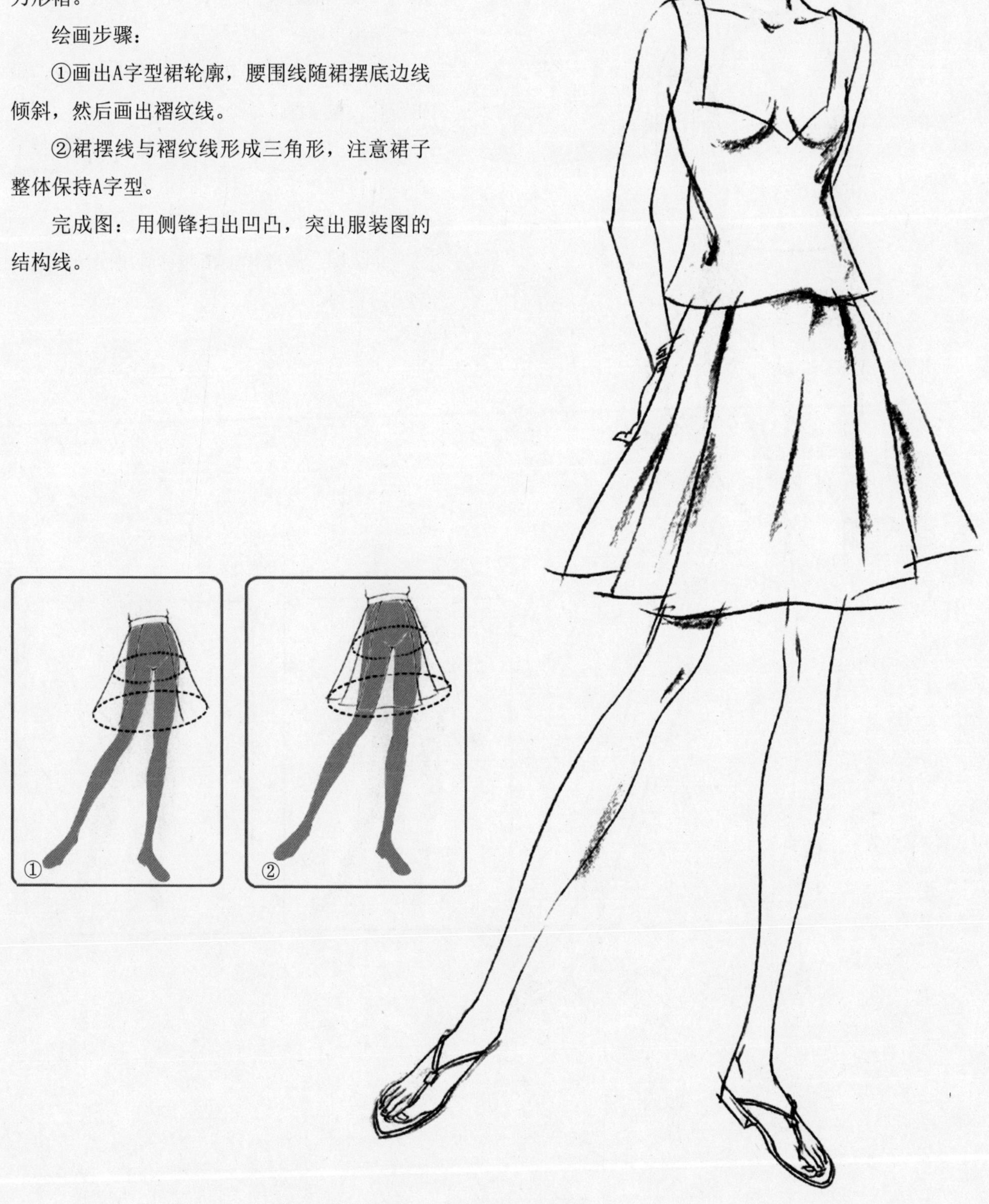

6.10 不规则的荷叶裙

荷叶裙因裙边似荷叶而得名。荷叶边是连在大裙子上的饰边。每一层的荷叶边都可以当成是一条碎褶裙来画。

绘画步骤：

①画轮廓线，腰到臀部的造型应合身，画出荷叶边与裙摆接缝处的结构线。

②自上而下一层层像叠“瓦片”一样往下画，并像画碎褶裙一样，画出每一层荷叶边的底边线。

完成图：画碎褶，用侧锋画出凹凸，增加艺术感染力。

①

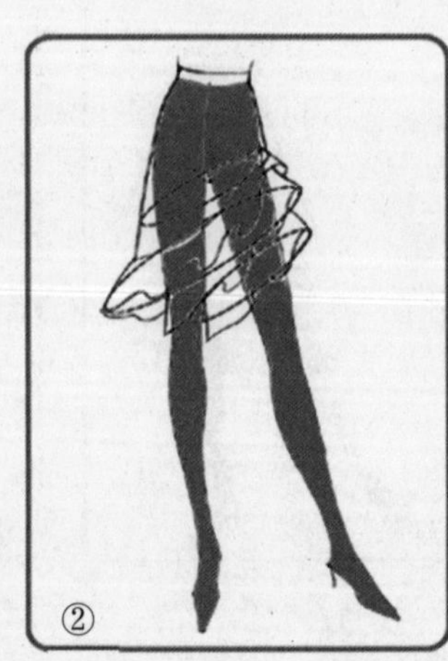

6.11 鱼尾裙

用合身的拼片做成裙摆处展开的裙子叫喇叭裙，如长及地面，就叫鱼尾裙。画这类裙子时需注意锥形的塑造。

绘画步骤：

①画轮廓线，腰围到臀的造型应是合身的，到膝部收拢，膝下逐渐展开。

②在膝以下画锥形筒线，下摆处画弧线收拢。弧线有长、有短，注意变化。

完成图：依据内部结构，用侧锋描绘，强调动态，用以烘托艺术气氛。

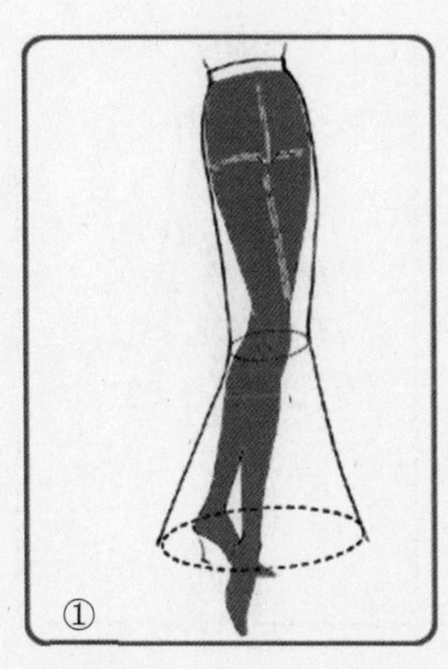

①

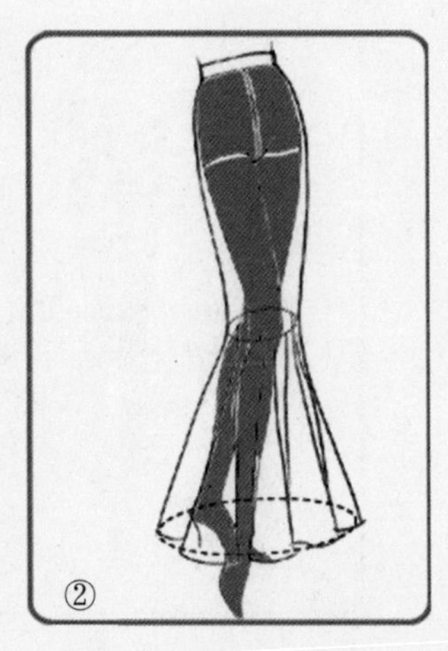

②

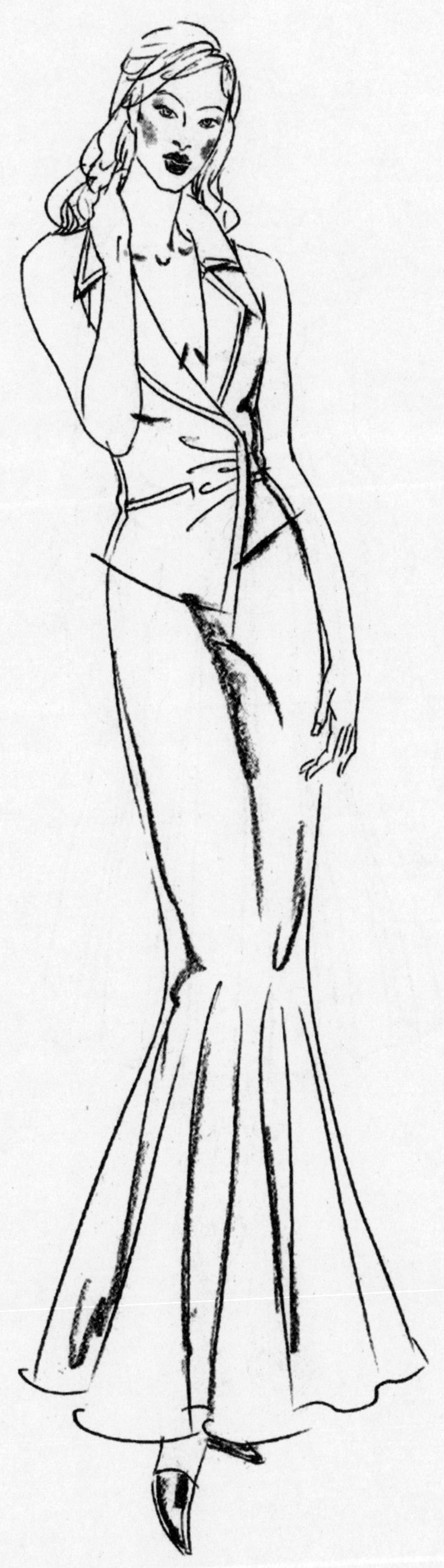

6.12 盒状褶裥裙

这是一种左、右两条折裥边形成的半盒形定型的褶裥裙。此款裙的褶裥是从臀围线以下放松下垂的。依据动态褶裥的形式。

绘画步骤：

①画出裙子的轮廓线，再画出臀部的工艺缝线，然后从中间往两边画盒状褶裥线。注意盒状褶裥的透视原理及形体的变化。

②画出椭圆形的盒状褶裥裙摆。

完成图：从中间往两边画盒状褶裥的造型。

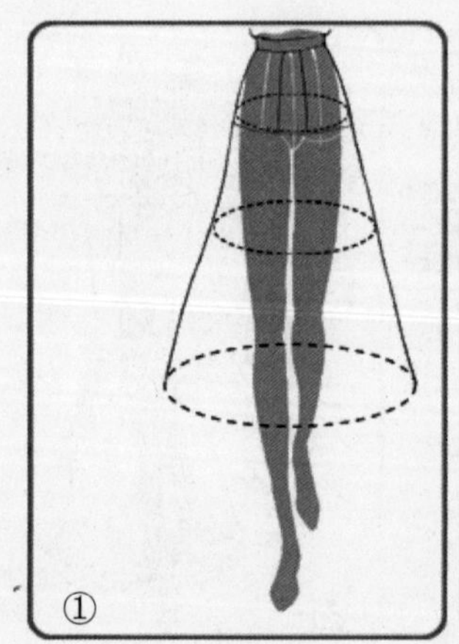

6.13 垂坠饰裙

垂坠饰裙指没有进行抽褶的面料自然下垂而形成随意性褶纹的裙款，从缝合处或悬挂的某一点向下垂，形成褶皱状。

绘画步骤：

①画出A字形裙的轮廓线。腰围与裙摆随臀部倾斜，根据人体前中线画出左、右两边为瀑布状褶边宽度的基本线，再画出左、右各一条大波浪的曲线。

②画出每个褶纹。

完成图：用侧锋沿结构线画出凹凸，并画出缝线。

6.14 百褶裙

百褶裙似手风琴箱式的褶皱，其褶子是聚集在一起的。

绘画步骤：

①画出松垂的筒形与下摆部的三角形，腰部随裙摆和臀部的动势而倾斜，从松垂筒形的中心位置画一根平分线。依据透视原理，筒形应从宽逐渐到窄，线从疏到密。

②下摆边的三角形以前中线为准，朝各自的方向往上推移。

完成图：最后用侧锋适度画出凹凸，用笔灵活，呈现艺术感染力。

6.15 裙裤

裙裤主要有两类：裙裤与牧人裤，两者有细微的差异。

牧人裤，裙裤长为半长牧人裤，臀部合体，下摆宽大。

6.15.1 裙裤

绘画步骤：

①裙裤似A字裙，画出腰部，淡淡地画出腰围与下摆的椭圆形，腰线与裙裤下摆线平行。

②画出前中线与外形轮廓线，分出两条裤管。

完成图：画出两裤管的下摆线、侧缝线及内侧线。用侧锋扫出凹凸，使其画面具艺术感染力。

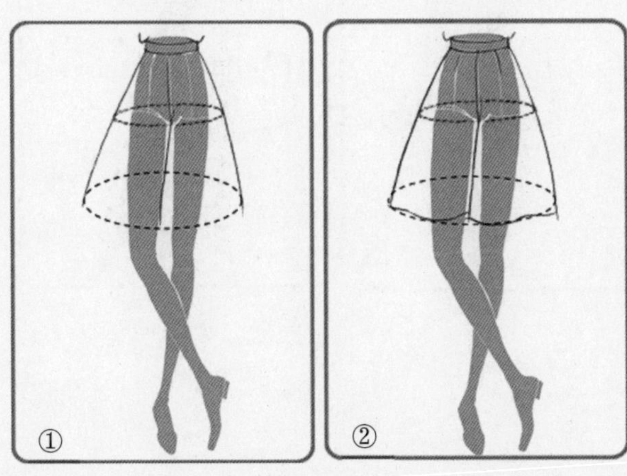

6.15.2 牧人裙

牧人裤特性似一条短裙，使裙子变得更为方便。

绘画步骤：

①画出腰头、臀围线，并随裙摆线倾斜，画出A字形裙的轮廓线。

②画出管状两侧独立侧缝线及小褶，使臀部更合体。

完成图：用侧锋扫出凹凸，增强艺术感染力。

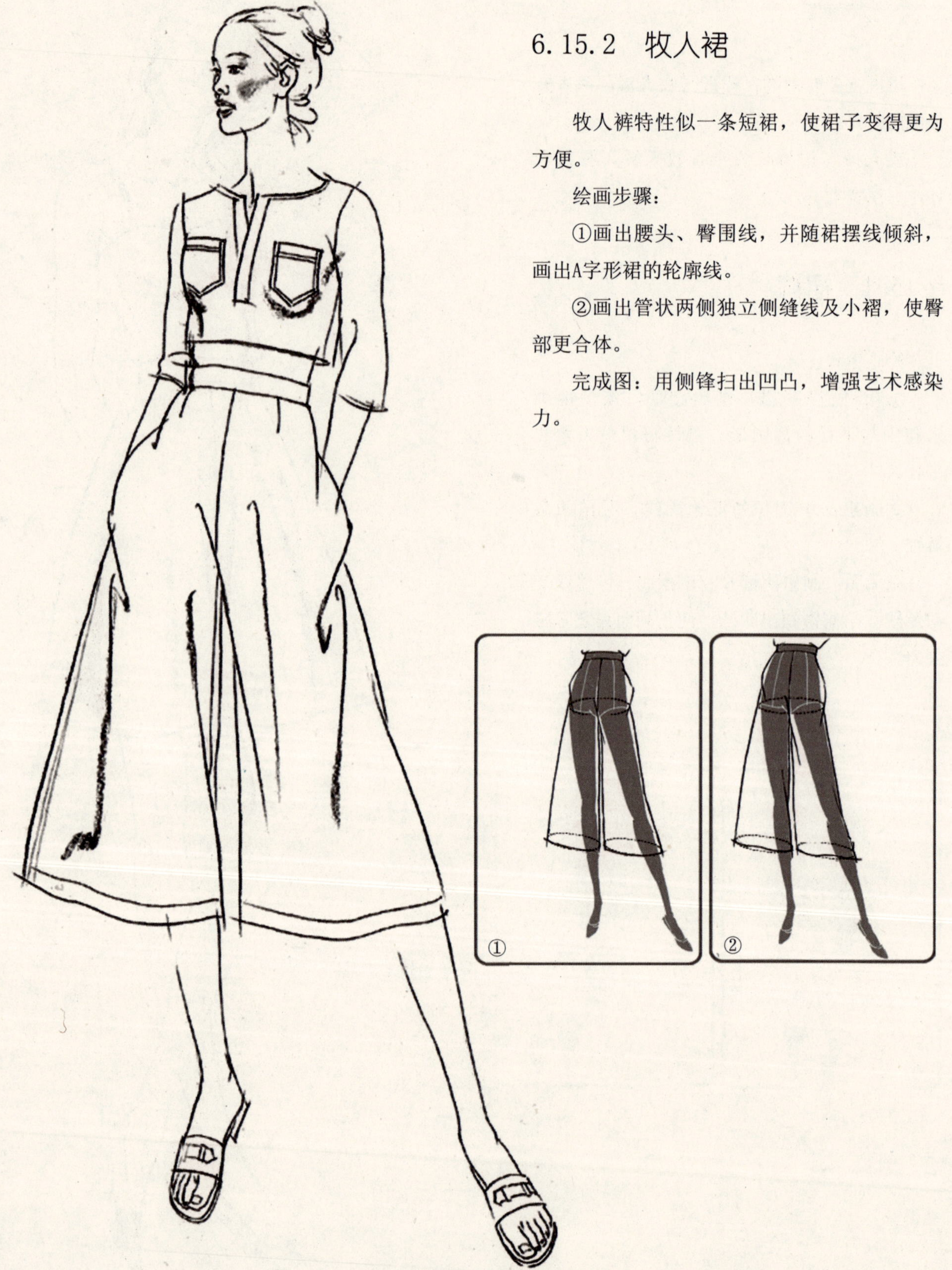

6.16 裤子的画法

裤子是服装下装的一个基本单品。它是以腰围为支撑，依据人体下肢进行变化的一种服装造型，包括腰头样式、裤子长短、外形线的变化。

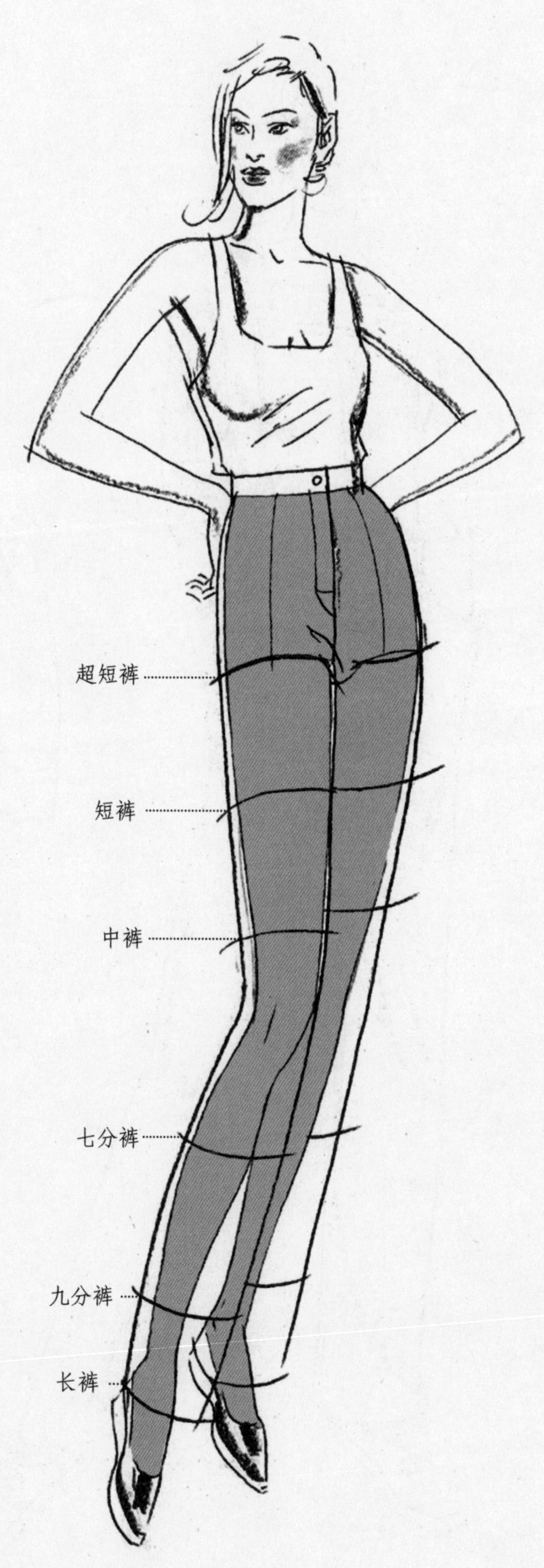

裤子不像裙子，它是有三个单体运动部位，这三个单体是：腰、臀部、受重腿及放松腿。

裆缝线是整个裤子的前中线，每条裤管又有自己的前中线，前中线随着每条腿一起运动。有省线的裤子，单省线的中线就是前中线。

打裥　　省道　　抽褶

裤裆处错误的两种画法

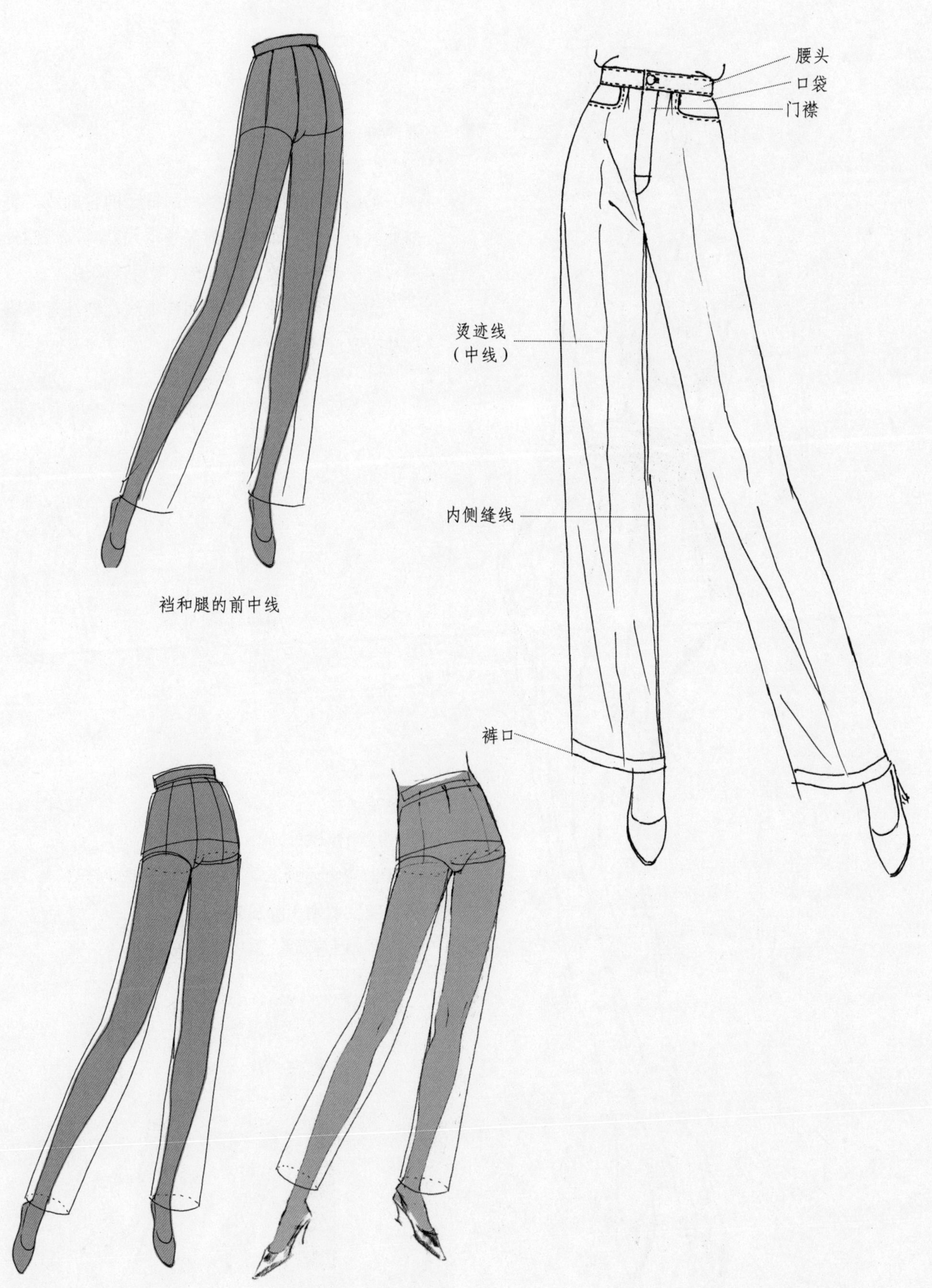

裆和腿的前中线

柱体透视

裤子的三个运动部位

直筒裤

绘画步骤：

①侧缝线随臀部倾斜。画裤子的轮廓线，臀部要画得合体；前裤管前侧外形线贴身；后侧外形线放松，空隙较大；侧缝线随臀部倾斜。

②画出侧缝线、省道和裤中线，要注意裤脚口是有弧度的。

①　　②

喇叭裤

绘画步骤：

①与上述画法类似，但臀部要非常合体，裤脚口宽度要宽于膝盖处。

②画上省道、裤中线、侧缝线。

①　　②

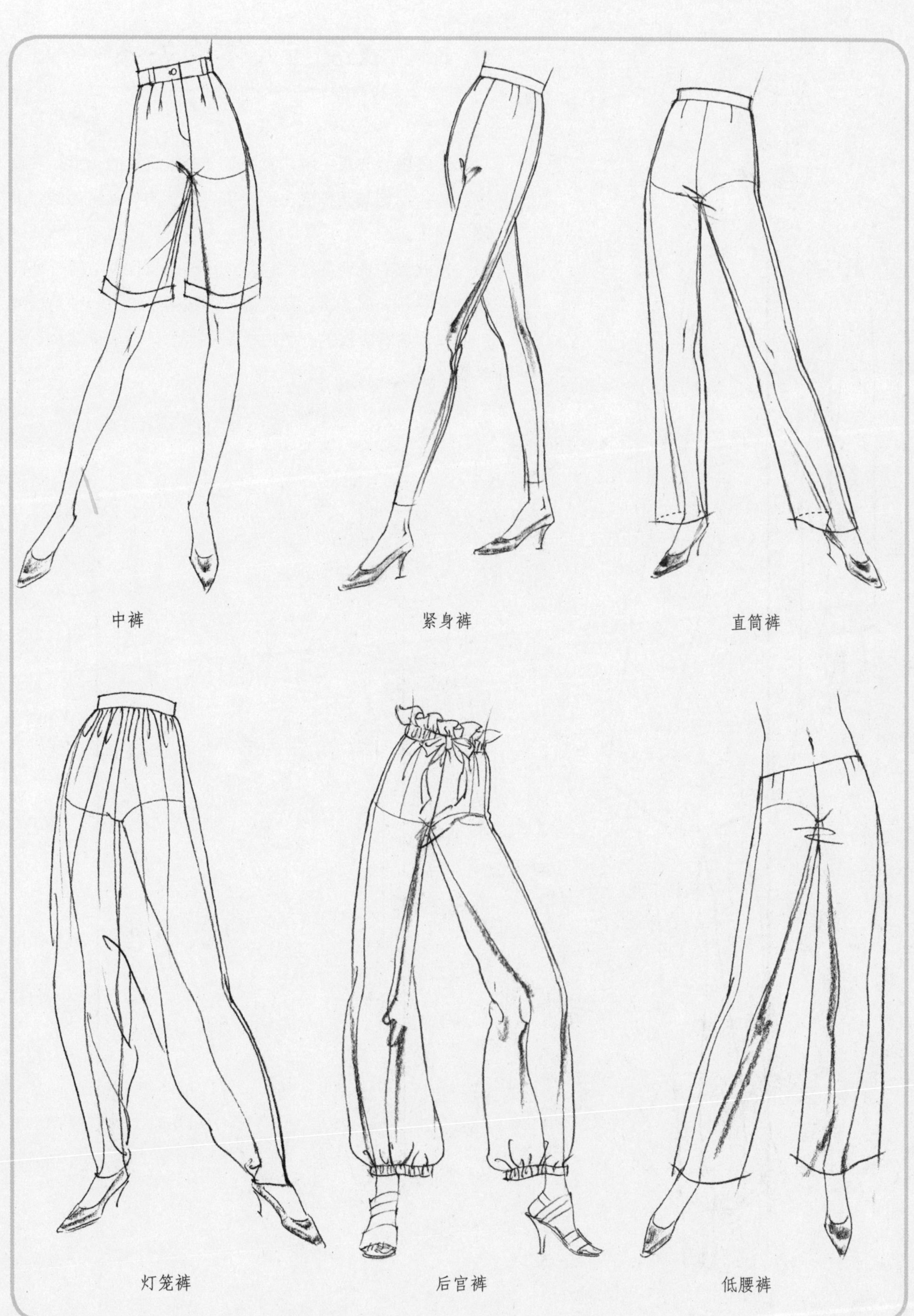
中裤
紧身裤
直筒裤
灯笼裤
后宫裤
低腰裤

6.17 衣纹与人体的关系

在画服装效果图时，衣纹是一个很重要的元素。衣纹因身体的结构与动作变化而产生。衣纹的处理需简洁、准确、明了。

在衣纹的表现上要注意两点：一是身体关节转折处产生的衣纹（如肘、跨、膝盖部位的皱褶）；另一种是松弛的衣纹，这种衣纹的产生往往是衣服的某一部位被拉紧的结果。

同样是A字裙，姿势的改变影响着裙子下摆的朝向。腰与裙摆是平行的，朝着同一个方向，裙子的褶痕则从臀部往下垂。

学习要点与练习：
→→→→→→→→→→→→→→→→→

本章节内容涉及服装廓型与人体之间所占比重的关系，还有服装单品与服装各个细节的刻画，裙装的刻画要领在女装中尤为重要。

通过这一章节的学习，要透彻了解服装廓型与人体在服装设计中此消彼长的原理，可谓以整体到局部，又以局部回到整体。

在这章节的练习中，收集与廓型有关的服装资料，完善服装资料本，做大量的服装外形练习，理解服装画线条，真正理解服装画要表现些什么。

（1）根据书上范例，作服装大形的研究与练习，找到服装的外形与服装线条—服装画的语言（四张作业，八开纸）。

（2）用服装照片对照范画，练习领口、领身、领座，特别是颈脖圆形的透视变化与领身外形的变化（两张作业，八开纸）。

（3）作服装单品练习，夹克、西装、裙装、裤型的练习，要注重因辅助线的变化形成袖摆与裤摆及裙摆的透视的变化（五张作业，八开纸）。

第7章

按时装照片练习画服装画

用时装照片为参照物进行服装画的练习，一方面可以训练学生的概括能力，加强对服装款式的理解；另一方面，利用时装照片画服装画，也是服装设计师的技能需要。有时，设计师可以通过时装照片的款式展开设计。因此，以时装照片进行服装画练习是很有必要的。描绘时，首先应分析服装的款式，外部造型及服装的内部结构特点、面料质地与花色等，把写实的时装照片描绘成理想的服装画。

GIORGIO ARMANI

7.1 按照片画服装画

7.1.1 服装套装照片

绘画步骤：

①选择清晰的套装的服装装片，也可以参照照片的动态。一般套装都采用$\frac{3}{4}$侧面的姿态。根据动态画出服装的廓型。

②在调整服装轮廓线的同时，画出服装的内部结构线。

画出服装的细节，包括衣袋、扣子、省道、结构线与服装面料图案。

完成图：上色，并对局部进行细致刻画，如脸部、头部、脚部的描绘，对画面做整体调整。

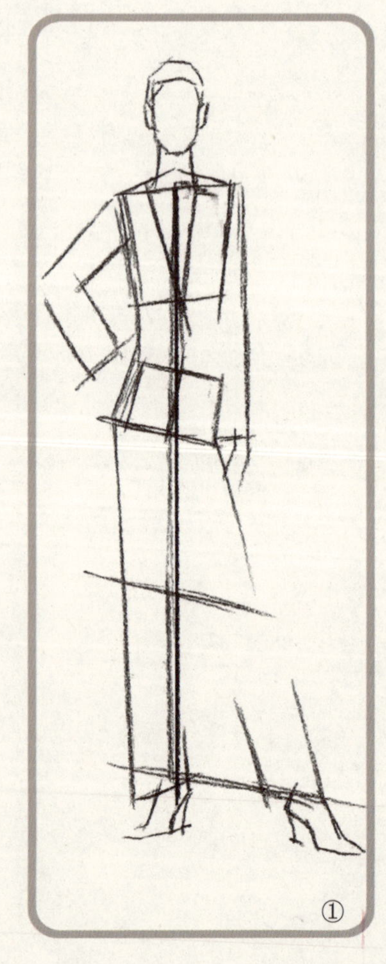

②

7.1.2 晚礼服

描绘晚礼服时，应强调其个性、艺术性，运用较夸张的手法描绘实际对象。如人体比例的夸张，肩宽与细腰以及各局部的描绘与省略，突出晚礼服的造型特色。

绘画步骤：

①确定人体的动态造型，把握好肩线、腰围线、臀围线的关系。

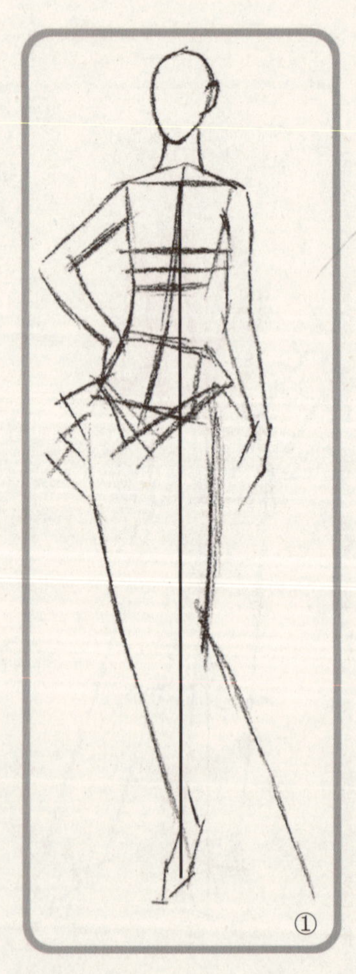

①

②画出服装的轮廓线，强调臀部与腰部的形态变化，突出女性的体态魅力。

完成图：夸张的造型曲线，注意裙子荷叶边的刻画，强调整体感，突出晚礼服上紧下松的特点。

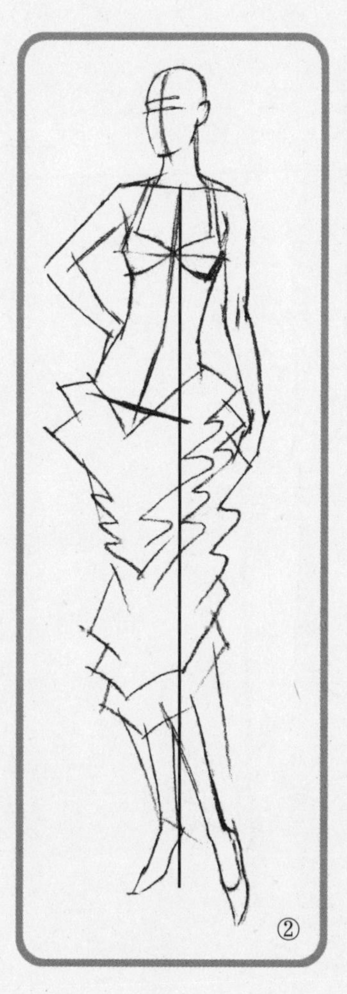

7.2 正稿步骤图

服装画正稿的整个绘制过程一般分为三个阶段：初稿、拷贝、正稿。

①初稿：先确定人体的形态和服装的整体结构及局部配件，用线基本肯定。

②拷贝：用专门的拷贝纸或硫酸纸，边拷贝边调整，拷贝时用线力求准确无误。然后，将拷贝稿再拷贝到正稿纸上。

③拷贝好的正稿即可着色。

待画面的颜色干后即可勾线，勾线时，要注意服装整体的造型和艺术特点。

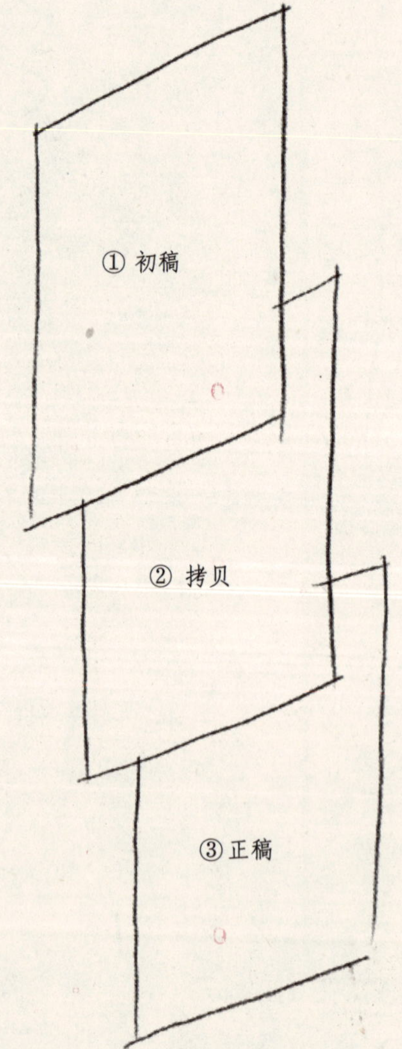

第8章

服装画的构图

A构图

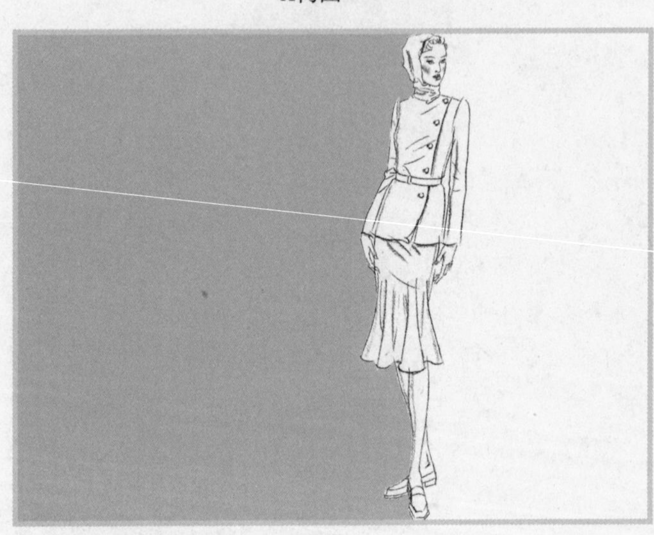
B构图

C构图

8.1 服装画构图

8.1.1 单个模特构图

服装画的构图除了赏心悦目之外，就是它能否完整清晰地传达服装的信息，画面是否能表现出服装设计意图和作者的艺术特点，也反映出了服装设计师和服装插画师的修养与功底。服装画的构图一般是在平面上展开的，一人或多人组合。

构图三要素：对比、比例、空间。用三要素来表现可达到物体的平衡。对比不仅是指明暗，亦是指形于色；比例则是指物体的尺寸、大小、轻重等；而空间不但指画面的大小，也指物体与物体之间留有空白的形状、尺度、数量。这三个要素在同一画面的分布，要考虑做到计白当黑、虚实相生、错落有致，达到最佳的视觉效果。这也是构图的普遍规则。

单个人体构图，人体是实的，周围的空白就是虚的。在国画的构图中，空白处的造型是非常有讲究的，所谓“计白当黑”、“虚实相生”就是说的这个道理。空白的大小，对于实体来说，视觉感是非常不一样的，A、B构图有一种不平衡的感觉，C构图给人一种四平八稳的状态。这主要看你需要传递一种什么样的想法。让人过目不忘，获得美的享受是所有作者的愿望。

8.1.2 多个模特构图

在多个时装人体的构图中，要学会利用聚散关系，聚聚散散，密要不通风，疏可以走马。动态的向背、顾彼，都可以拿来作为构图的要素。

人物分为两组，空白处在两组之间，一多一少形成对比。

人物分为三组，两多一少，中间为一人，空白有两处。

紧凑型，人物相互之间都有关系，两边留有空白。

分散型，人物与人物之间平均地留出空白，此构图比较常用。

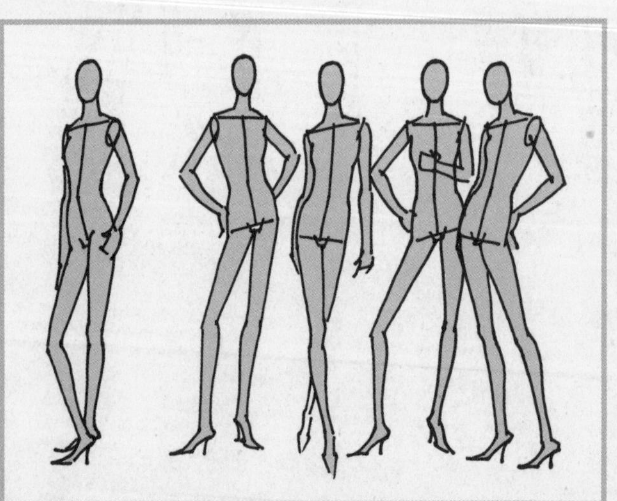

人物分组成一大一小，四个人对比一个人，如果运用得好也是不错的构图。

8.1.3 学生作品欣赏

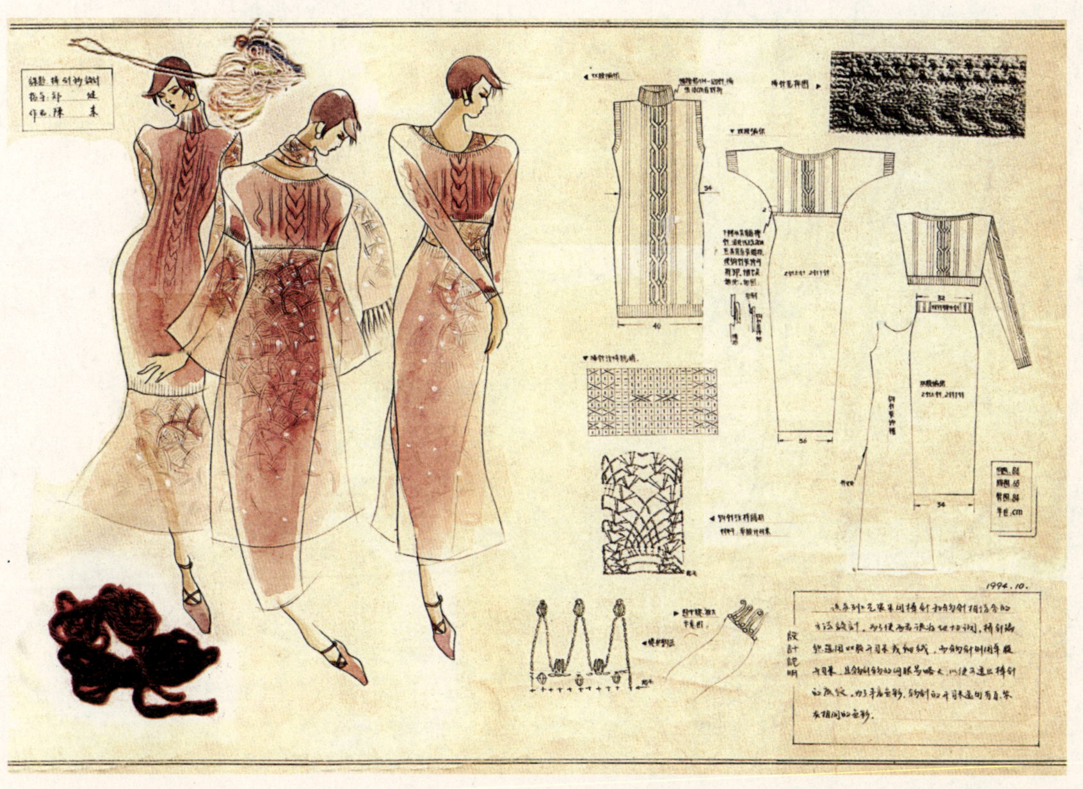

8.2 服装刻画重点

男装刻画重点

画男装与女装有差别，男人体服装画在动态上就与女人体服装画不一样，憨实稳重的动势、粗犷有力的线条，表现出强劲、有力的男人体着装形象。虽然男装没有女装那么变化万千，但细节的刻画与服装的合体是共同的。

重点：

①颈部两边的转折处；

②接袖线的透视关系；

③肘关节的转折；

④腰头与门襟；

⑤袖口的透视变化；

⑥膝部褶皱；

⑦裤口与鞋子；

⑧鞋子的前部。

女装刻画重点

无论是画人体，还是画服装，刻画的重点除了服装的整体造型，还有形体结构，特别是形体的转折。

重点：

①颈部与衣领相接处；

②接袖；

③腕关节与袖口；

④上衣底摆边与裙子相交处；

⑤裙摆的底边。

当然，以上的刻画重点也不是一成不变的。随着服装款式的变化，画服装画时，应适时地考虑采用自然、简练、流畅的线条。

8.3　款式与动态

不同的服装款式，画服装画的要点不同。以服装款式定人体动态，能更好地表现服装款式的特点。

图A和图B为$\frac{3}{4}$侧面站立姿态，这是服装画常用的姿态，能很完整地表现服装的整体造型及口袋、缝线工艺、省道等细节。

图A

图B

图C 图D 图E

图C和图D主要细节在于服装的背面，故选择背面人体动态。

图E运用侧面的姿势来表现服装侧面的设计重点。

学习要点与练习：

本章节主要讲述两大重点，一是服装画构图的法则；款式展现的要领；虚实相生的最佳服装视觉效果，通过对服装画构图规律的摸索，找到自己的服装画构图方法；二是通过服装照片进行服装画练习，应用前几个章节所学的知识，只有经过不断地实练，才能透彻理解服装廓型及服装画线条，只有反复的练习才能达到娴熟的技巧。

（1）用五个动态女人体，组成一组最佳构图，聚散组合反复练习。（四开纸）

（2）在第一张作业的基础上，找出五组女式套装，试着分别画到动态女人体上，并用廓型来分析服装款式，用前中线来检查纽扣、领口、领型是否准确。（四开纸）

（3）找出三个动态女人体，作礼服款式与构图的练习。步骤同上。（四开纸）

以上作业，重点考察学生对前几章节的学习是否掌握，这两张作业，只要完成线稿即可。

第9章

服装画的色彩搭配与艺术表现

无论是服装画还是服装，最夺目、最出效果的当属色彩。色彩在服装表现中有着极其重要的作用，它与款式、面料质地共同构成了服装之美。

由于受视觉刺激强弱的影响，当人们看服装时，最先闯入视觉的是色彩，然后才是款式，最后才是面料的质地及制作工艺等，所谓“远观颜色近观花”。而服装画色彩又与其他绘画艺术不同，有它特殊的一面，在服装画色彩表现中更注重服装面料的固有色，不太注重环境色的表现。服装画的色彩属装饰色彩范畴。服装画色彩与服装面料的质地密切相关，同一种色相，会因面料质地的不同，而呈现不同的感情色彩。比如，同一种黄色，出现在丝绸或粗呢的面料上，就会呈现出两种截然不同的感情色彩：丝绸给人一种轻柔、飘逸、梦幻般的浪漫美感；而粗呢却给人一种温暖、粗犷、厚重的美感。色彩与面料质地两者在服装设计中的合理运用，始终是服装设计师要解决的重要课题。

以色环中不同角度的颜色相搭配即是以色相为基础的色彩搭配。所谓色环，就是一个简化版的光谱。（包括靛青色），它将六种色彩排列成一个环形。同时色环也可以由以下各类色彩组合而成；原色、中间色、复合色、冷色、暖色与互补色。色相环上的颜色因角度的不同而有所差别。常用的色彩搭配有邻近色搭配、对比色搭配与同类色搭配。

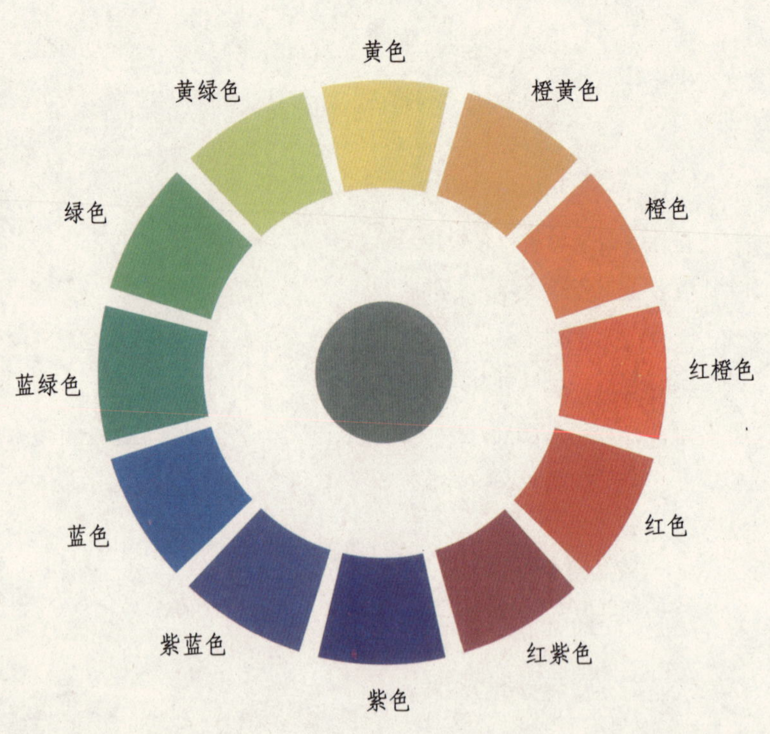

原色

原色是指那些不能由其他色彩混合而成的颜色。原色有三种，即红色、绿色与蓝色，它们在色环中的位置和彼此间距离相等。

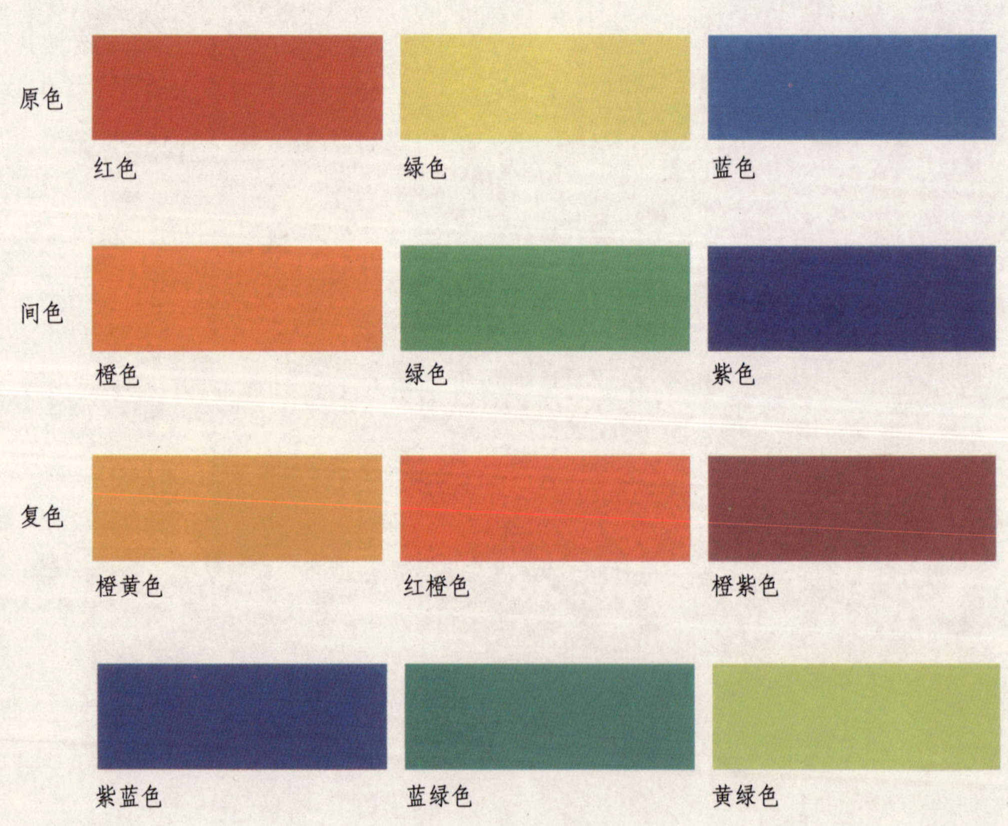

间色

间色指的是橙色、绿色与紫色，它们分别由两种原色调和而成。红色与黄色混合成橙色，蓝色与黄色混合成绿色，红色与蓝色混合成紫色，间色在色环中的位置和彼此间距离相等，并间隔在三种原色之间。

复色

将一种原色与色环上与其临近的一种间色混合，会得出一种复色。比如红色与橙色混合得到红橙色，黄色与绿色混合得出黄绿色。

互补色

互补色亦称对比色，就是两种颜色等量混合后呈黑灰色，那么这两种颜色一定为补色。色环的任何直径两端相对之色都称为互补色。在色环中，红色与绿色，蓝色与橙色，黄色与紫色均为互补色。当它们并置时会显得格外鲜明，而当它们互相混合时则产生一种中间颜色：灰色。为了降低色彩的亮度，可以在其中加入补色，而无需加黑色。比如，你想让红色变暗，只需在红色中加入绿色即可。

冷色与暖色

色彩都会让人产生一定的联想。暖色比如红色、黄色、橙色等色彩会让人想到火焰与阳光，与激情联系在一起。无论置身什么环境，暖色总会略显突出、明显。而冷色却让人感到安静和退后，想到天空、海、冰，与宁静联系在一起。在实际生活中合理地运用暖色与冷色，能大大提升对生活艺术的品位。

每一种色彩都有三种重要的属性：色调、明度与纯度，每一种属性都可以通过色彩调和或更改色彩所处的环境加以调整和控制。

色调—指的是一幅画面色彩的总体倾向，是整体的色彩效果，色调指色彩外观的基本倾向。

明度—是指色彩相对的亮度或暗度，不同的颜色有不同的明度，例如黄色就比蓝色的明度高。

纯度—是指色彩的鲜艳度，具体指某种色彩所显示出的相对的色调饱和度。

将某种色彩与白色相混合会获得一种淡色。

将某种色彩与灰色相混合会获得一种色调。

将某种色彩与黑色相混合会获得一种暗色。

9.1 主色色彩搭配

主色即配色各方均具有的共同要素，由于主色的作用，色彩搭配很容易造成一致的印象。

1.以同一色相为主配色，就是采用同一色相的颜色为主的配色，为同色色系的色彩组合，比如黄与赭红的配色，能产生温暖、平和的感觉。

2.以同一明度为主配色，这是采用同一明度的颜色为主的配色，不管何种颜色，都采用相同明度的色彩。图中的浅粉蓝与浅粉红等配色，可以产生明亮、高贵的感觉，个性明显。

3.以同一纯度为主配色，这是采用同一纯度的颜色为主的配色，无论何种颜色，都组合同样鲜艳或同样混浊的色彩搭配，比如图中的配色，可以产生强硬、艳丽、厚重、年轻、古老、羞涩的感觉。

以同一色相为主配色A

以同一明度为主配色

以同一色相为主配色B

以同一纯度为主配色

9.2 以色相为基础的色彩搭配

1. 邻近色搭配，在色环上90°之间的颜色称为邻近色，它们的搭配如橙红色与红色，紫色与红色。

色彩在色环上的排列越接近，在色调上就显得越和谐、自然，此类配色给人以稳重的印象；由于色相上稍微有点变化，又产生一定的动感效果。邻近色搭配与同类色搭配一样，如在明度或纯度上稍微有点变化，更能使颜色显得活泼、生动。

2. 对比色搭配，在色环上相对180°的颜色组合，称为对比色搭配。如蓝色与橙色、珠红与普蓝、黄色与紫色的搭配等。

由于是相对的色相，在组合上最不容易协调。近年来，此种配色却给人一种大胆、青春活力的印象。在实际的运用中，常常是以使大面积的色块降低纯度，或提高明度，而小面积的色块保持纯度等办法来协调。

3. 同类色搭配，例如:蓝色与粉蓝色，褐色与浅褐色，深红色与浅红色的组合等，都属同类色搭配。

同类色搭配比较容易产生统一、安定的感觉。缺点是给人一种缺少变化、纤柔的印象。要使同类色的搭配生动活泼，必须在色彩明度和纯度上求变化。另外，用同类色但不同质感的面料进行合理的搭配也是一种很好的办法。

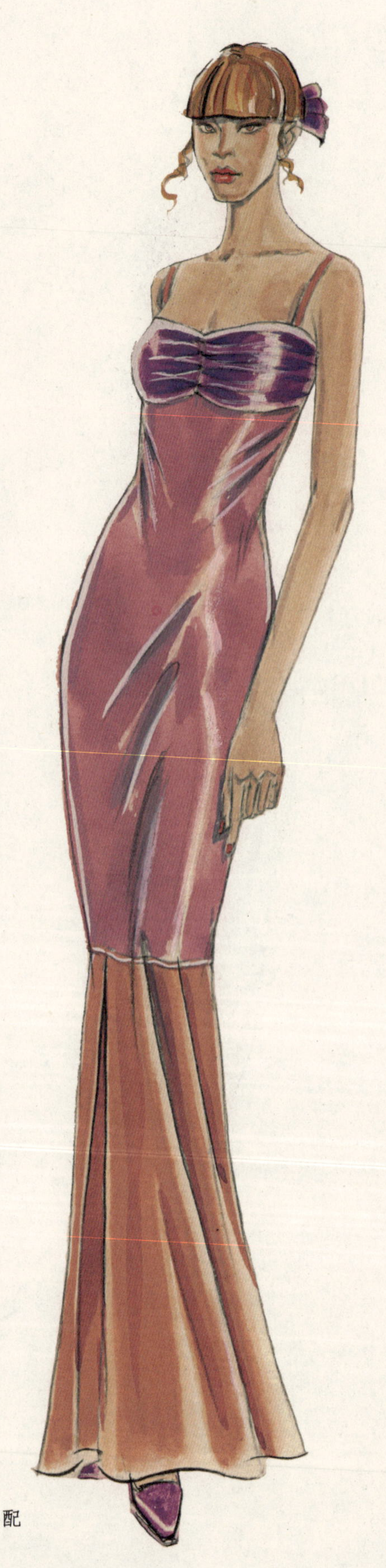

邻近色搭配

对比色搭配

同类色搭配B

同类色搭配A

纯度强对比

9.3 以纯度为基础的色彩搭配

以降低或提高色相的纯度进行组合配色称为以纯度为基础的色彩搭配，如图例：在三位模特儿绿颜色衣服的纯度不变，而改变裙子颜色的纯度，从而形成纯度不变，只改变裙子颜色的纯度，最终形成纯度强对比、纯度中对比、纯度弱对比。

纯度强对比具有强硬、高尚、厚重感。

纯度中对比具有高贵、安定的感觉。

纯度弱对比能造成明度或微变的感觉，是汇集相近纯度、明度、色相之色的配色。为强调配色的丰富与协调，则以变化明度、色相来搭配。

纯度中对比　　纯度弱对比

9.4 以明度为基础的色彩搭配

色彩明度强、弱的对比配置称为明度的色彩搭配。

例如：三个模特儿的衣服黄色明度不变，只改变蓝色的明度，就形成了三个明度色彩的对比组合。

明度强对比会产生明快的对比感，给人艳丽、现代、年轻的印象。而明度中对比则给人一种舒适、安定的感觉。明度弱对比会给人柔和温馨的感觉，是突出色彩的色相及纯度特征的配色。随着色相、纯度的不同选择，能产生柔软、厚重、强硬等极为不同的效果。

明度对比强

明度对比适中　　明度对比弱

9.5 重点色色彩搭配

重点色色彩搭配，主要是为了打破服装色彩的单调感，或是为了把人们的视线引向某一个重点部位，从而采用的强调或点缀的艺术手法。如俗语所说的“万绿丛中一点红”的对比手法，就是把重点色少量地点缀在整体色彩上。

如本图例以紫红色、绿色为重点色，使整套服装更醒目、艳丽。

9.6 色彩渐变搭配

阶梯性渐变的色彩搭配，能给人一种节奏感，并有秩序地将人们的视线引向一定的方向。

1. 色相渐变法：这是以色环的顺序变化色相的配色，如以红、赭石、浅褐色的顺序变化色相来组合搭配。毛衣采用高纯度色相，给人以强烈、刺激的感觉，在色彩组合时，可适度降低其明度或纯度。

2. 明度渐变法：这是逐渐变化色彩明度来组合色彩的手法，一般是阶梯性由浅至深或由深至浅来变化色彩的明度。

3. 纯度渐变法：此为逐渐变化色彩纯度进行色彩组合的配色法，即由强烈鲜艳的颜色渐变至灰暗的颜色，或由灰暗的颜色渐变至强烈鲜艳的颜色搭配。

以纯度渐变

以色相渐变

以明度渐变

第10章

服装面料质感与艺术表现

服装构成的三大要素是：款式、色彩和面料。面料质地的表现是服装画的重要内容之一。研究面料“质地”和“图案”的画法，对服装设计师和服装画师来说是很重要的。服装画要能清楚明了地表现服装的款式、剪裁、花色及面料的特性。

一副完整的服装画，必须清楚地表明款式的特点、面料花色与质地。因此，了解和掌握线条的特性是很重要的。薄而挺的面料，宜用挺拔刚劲、清晰流畅的中锋来表现。粗、细、轻、重、软、硬、急、慢的线条，所呈现面料质地的效果都截然不同，必须熟练掌握。

熟悉了线条的特性之后，如何表现面料的图案呢？不论何种织物，从条纹、格子纹、几何纹样到印花布图案以及抽象图案等，对其图案或肌理效果的组合、尺寸、色彩都需要认真地考虑。在画法上必须借助于概括的手法，强调其特征。整体服装的图案描绘不能像画平面的花布那样，必须根据款式的特点，形体的凹凸，前后关系以及转折情况有变化地进行表现。

色彩在服装画表现中有着很重要的位置，它是服装设计三大要素之一。我们必须运用色彩来表现服装面料的质感、气氛。随着色彩练习的深入，将把你从最基本的图案练习引向较复杂的课题，只有按部就班地训练，才能掌握服装画色彩这一独特的语言。

10.1 条纹、格纹图案面料服装

表现条纹面料要注意的是：条纹面料上的条纹方向是随着人体移动而变化的。变化无非是以交叉、顺应或环绕这几种基本形式。在时装画表现条纹图案面料最易犯的错误是将条纹用平直、平行的线条来表现，正确的方法是从一件服装中部开始画，随着身体的凹凸完成全身的曲线条纹。切记不能从周边往里画。

在服装中间部位定位条纹时，需注意与整体服装保持合适的比例。

面料上的格子花纹是两条不同方向的条纹交汇。像条形花纹一样，格子可以平直或是斜向地交叉，重复形成“+”或“×”式样。格子花纹也由直线构成，也会围绕身体形成弧线。在表现格子花纹的时候，也应从服装的中心往四周平均扩展。

着色时，需按面料的固有色、浅色、较深色分成3个色阶上色。

绘画步骤：

①用面料的固有色在整件服装上着色。注意用笔要以人体结构为依据，大胆落笔，着色面积要大小不一。

②待第一遍颜色干透后，用白颜色画出细条纹理，从中线往两边画，然后用较深的颜色依据服装结构画出肌理效果。

③纽扣涂成蓝色。用白颜色画出高光。

画上脸、腿及脚。

条纹注意疏密、虚实、空间大小的对比。

用白色来画纽扣的高光及接缝的部分，使服装结构更清楚。

在服装最重要的部位用黑线修饰，使画面显得更精神。

10.2 印花图案面料服装

服装面料依设计意图被印染成各式花纹图案，包括花卉图形、抽象图形、动物图形、圆点等各式花样。画印花图案面料服装要了解印花图案的特点，一般印花图案都为四方连续纹样、二方连续纹样、单独纹样的印花图案，在服装画上描绘时，需要在心中计划好合适的比例关系，注意在身体的凹凸及透视变化中的表现，从中间开始往四周扩张地画，保持纹样的连续性。

复杂的纹样需要简化、概括，保留纹样的特点即可。

绘画步骤：

①完成线稿，涂上衬衣的固有色，淡淡画上四方连续纹样的结构线。

②依据四方连续的纹样结构，先从中间部位开始画花卉图案，并画出面部颜色。

③在服装结构线等重点部位略加深色，突出款式结构，并对面部、头发、鞋子稍加调整。

10.3 丝绸面料服装

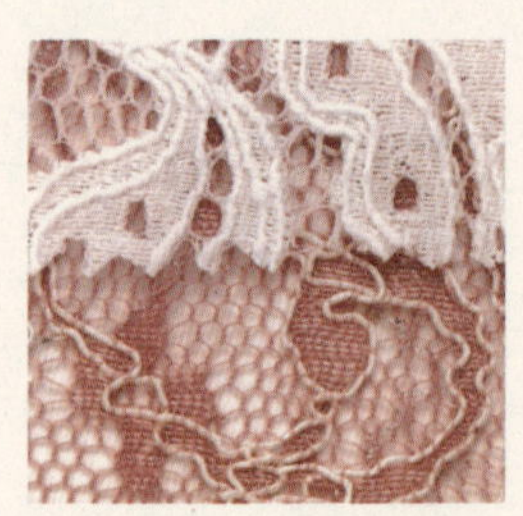

在表现丝绸织物时，要依据丝绸的特性来描绘。如乔其纱、双绉等面料轻薄，表面呈现柔和的光感和飘逸感，画此类服装效果图时，色彩要画得薄，层次要分明，线条简洁、流畅。着色时，需按面料的固有色、浅及深色分成3个色阶上色。

绘画步骤：

①着裙与上衣、脸部、腿部的颜色，在颜色晾干之前，加上腮红和眼影。

②等裙子的第一遍色干后，在多层裙处加一层颤色；待双层着色部位晾干后，再加上一层深色。

③用较深的颜色画碎褶的重叠处，紧接着完成内衣上的绣花图案。在裙褶内和裙子后层周围应画出略微可见的裙摆线，若隐若现。

完成脸部、头发、重点部位及细节的刻画。

在画长统靴与手套时，要注意虚实的对比并见笔触。

10.4 绉缎面料服装

素绉缎面料的表面布满缎纹，外观平滑光亮，显出富贵、华丽的气质。在这幅晚礼服画中的缎子，我们用明暗对比的方法来表现，明暗对比强烈更显缎子的质感。着色时，需按面料的固有色、浅色、较深色、深色分成四个色阶上色。

绘画步骤：

①用面料的固有色在整件晚礼服上着色，可平涂。

②第一遍色干透后，依据明暗关系，用较深色画出大的转折，注意着色面积的大小对比。

③用深色刻画褶皱及重点衣纹。

④用枯笔沾上白色画高光。最后，完成脸部、头发以及花饰点缀，在衣裙转折处用最深的颜色刻画。

10.5 透明面料服装

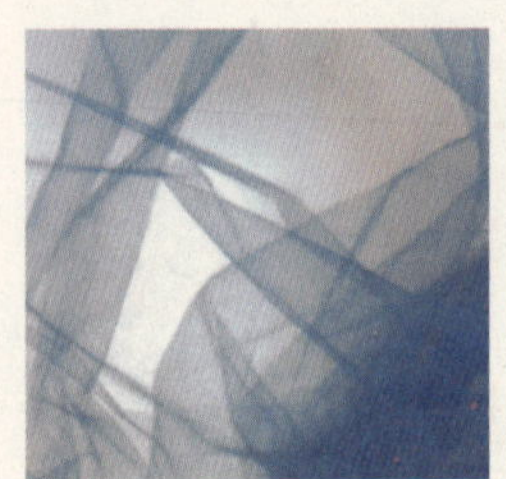

透明面料十分精致，画面透过单层面料能看透到肌肤的颜色。除了内衣，大多数用透明面料制成的服装都由多层面料叠加而成。

透明面料通常可以分为两大类，第一种是软质面料，例如雪纺、乔其纱等；第二种是硬质透明面料。包括透明硬纱、编织网、蝉翼纱等。在插画中表现透明面料的质感，须先给人物的皮肤上色。

绘画步骤：

①完成铅笔稿后，着肌肤颜色，分别对不同面料着第一遍色，在服装结构线外留出空白。

②所有颜色干后画出面料最浅的颜色，待第一遍颜色干透后，在服装的结构线及凹凸处填上较深的颜色。

③用白色画出服装结构线并勾勒出动势线条，以活跃画面。

④完成脸部、头发、重点部分及细节的刻画。

10.6 豹纹图案面料服装

此图案为虎、豹纹服装面料的画法。要根据其斑纹特点来刻画。

绘画步骤：

①用较淡的水彩颜色上底色。

②待第一遍底色干透后，以同色系的深颜色画出斑点，趁斑点颜色未干时以接近黑色的深褐色不规则地勾画斑点四周。

③用较深颜色刻画褶皱及重点衣纹。

紧身裤、紧身衣绘画步骤：

①用灰色打底，趁第一遍颜色未干时，紧接着上较深的颜色，注意留下笔触。

②待颜色干透后，用浅蓝色作适当修饰。

③将五官、肤色、发式都上好颜色即告完成。

10.7 裘毛类服装

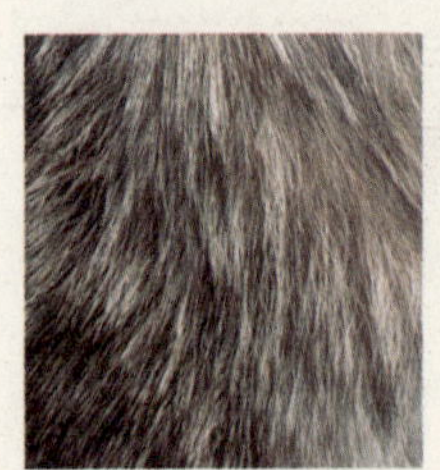

在画裘毛类服装效果图时，应着重刻画皮毛的边缘轮廓，根据服装的结构及皮毛的走向，表现其质感和厚度，还可以通过描绘裘皮的花纹及毛的长短来表现质感。

绘画步骤：

①用清水把整件服装平涂一遍，趁水分未干透时，根据人体的凹凸形态着色，边缘用干净湿笔接一下。

②将毛笔尖端散开用来着色，画出一组组的毛。裙子、手套着第一遍色。

③以细笔蘸白颜色将兽毛的光泽表现出来，并着裙子、手套的第二遍色。

④给花饰、帽子、貂皮、皮肤、鞋子等细部涂上颜色即告完成。

⑤貂皮的画法与画衣服的步骤相同。

⑥腿的画法：先涂一遍颜色，趁第一遍色未干时，涂第二遍色，干后稍作修饰即完成。

10.8 编织类服装

编织类服装在外观上除了因花纹不同，还因材料的不同而呈现不同的视觉效果。材料精细、光滑，其织物的表面较细腻，描绘外观时，线条要柔软、流畅，细节的刻画可以使用彩色铅笔。材料较粗的织物表面比较毛糙，其服装外观呈浑圆状。描绘时褶皱线条要圆厚、粗壮，还要注意服装的转折及下摆的形状。

绘画步骤：

①用面料固有色将整件服装依身体凹凸形态涂上颜色，不要涂满，注意留笔触。

②用稍淡的颜色画出编织物，凸出勾勒，注意虚实并完成脸部的刻画。

③用较重的颜色在服装的转折处，结构线及图案的凹处勾勒，突出重点，最后完成重点部位的刻画。

编织物的刻画常用的辅助工具是油画棒和蜡笔。先用此类工具进行底纹处理，画出毛衣的纹理，再用水彩颜色大面积覆盖，这样，编织物的质感就可清晰地被表现出来。

10.9 皮革类服装

皮革有较强的光泽度，在画皮革服装时有两种方法可使用，一是根据皮革的质地来描绘，抓住皮革有光泽的特点，分层次、概括地表现其光泽；二是皮革服装常以缉线或双缉线来缝制，注重缉线的表现也可呈现面料的厚度及质感。着色时，需按面料的固有色、浅色、深色分成三个阶段。

绘画步骤：

①用浅色在整件服装上着色，注意留出光泽部分。

②待第一遍色干透后，用较深色依据明暗上色，保留第一遍色的笔触。

③待着色颜色干透后，用皮革固有色在整件服装部位上着色，涂去一些零碎部分，使服装更显整体感。

④将服装结构及重要的转折和衣纹处表现出来。

⑤面部上色，纽扣涂上黑色，注意对称。

⑥腿部的表现，先用紫罗兰着色，趁颜色未干时画上黑颜色。用笔要快而自然。

⑦根据整体效果的需要，在关键部位用黑线提一下。

10.10 天鹅绒服装

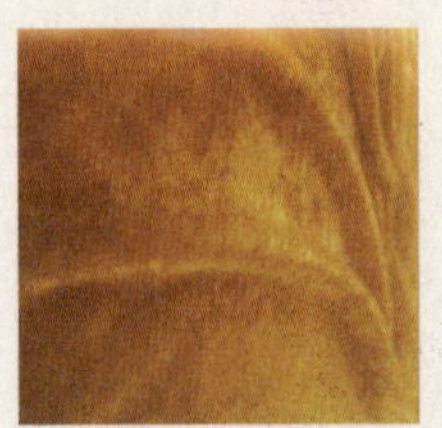

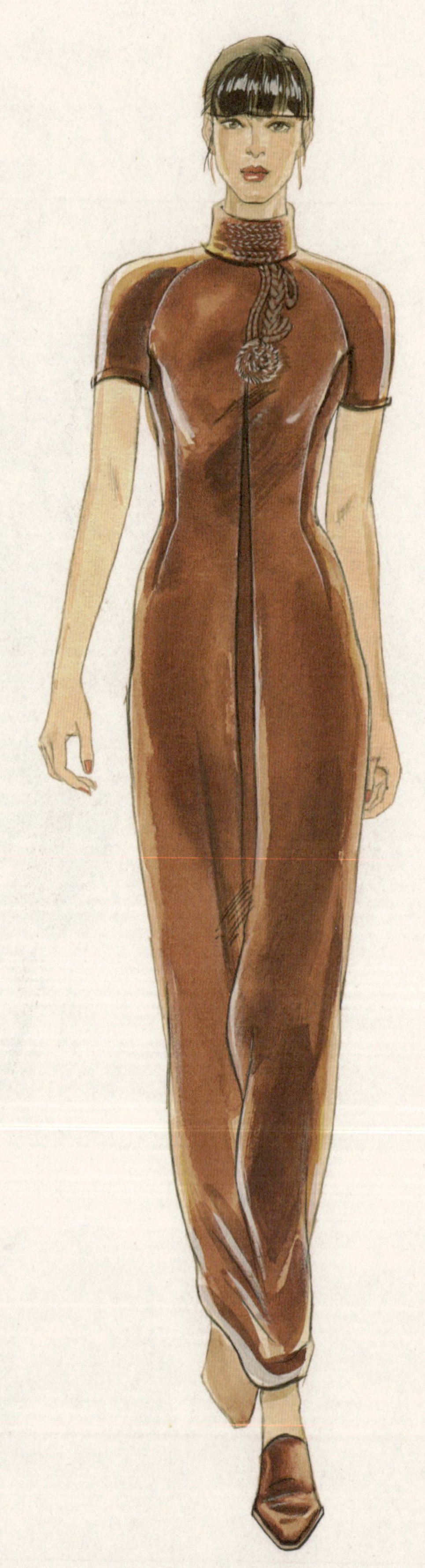

天鹅绒即丝绒，表面柔软、带光泽，做成服装后，其边缘和缝线有高光。而平绒则光感较差，天鹅绒面料较厚实。此款领身是编织而成。

绘画步骤：

①用浅色在整件服装上着色，用笔要以人体结构为依据，大胆落笔，一气呵成。

②用面料的固有色趁着第一遍色未干透时，以同样的方式再着色，注意留有第一遍颜色的笔触。

③趁第二遍色未干透时，用最浓且水分少的颜色，勾画重点部位，用笔要灵活。

④待干后再加上亮部颜色或重点色，用白颜色画出天鹅绒面料的光感，用笔尖在服装缝线或边缘上画出高光，完成细节和影调。

⑤用深颜色画出领身的编织纹，然后用白粉点出细节。

⑥完成脸部、头发、手、脚及细节的刻画。

画天鹅绒、平绒等绒类织物时，要注意纸的干湿度，趁湿作画，并留出笔触。

10.11 人字呢服装

呢料的人字纹是从织物的编织中派生出来的，主要作为纺织肌理图案使用。着色时，需按颜色的浓度分成3个色阶上色，浅色、面料固有色、深色。

绘画步骤：

①用浅色在整件服装上着色。注意用笔要以人体结构为依据，大胆落笔，着色面积要大小不一。

②待第一遍色干透后，将整件大衣淡淡涂上面料固有色。毛衣涂一遍中间色，趁色未干时，用深颜色依据明暗画出肌理效果。

③纽扣涂成黑色。用较深的颜色，表现服装的阴影部分。

④画上脸、腿及脚。

⑤画出大衣的人字纹，用黑色来表现，注意疏密、虚实、大小对比。

⑥用白色画纽扣的高光及接缝的部分，使服装结构更清楚。

⑦在服装最重要的部位用黑线条修饰，使画面更显精神。

10.12 皱类面料服装

皱类面料是服装面料中较为现代的类别。由于此类服装较强调服装本身面料质地的变化，注重表现服装表面肌理、纹路的变化效果，所以款式都较简练。在画此类服装时，首先抓住服装的基本廓型，并描绘出服装面料的肌理。

绘画步骤：

①画出铅笔稿。

②把纸揉皱，形成竖条纹里，然后展平，涂上颜色。

剪出服装的廓型贴上，画出肤色。

③用较深的颜色对服装款式、结构、纹理进行勾画。画出面部及鞋子的颜色。

④用毛笔在服装的重点部位及面部作最后的修饰。

10.13 羽绒类服装

面料特点，强度较大耐折皱。吸湿性小，透气性较差。光滑，亮度大。该面料适用于秋冬季各类外套及填充型服装外套。

羽绒类服装是服装中单独的一个品种，在描绘时主要画出羽绒服的体感及绗缝的效果。造型是粗犷的，边缘是弧形的。

绘画步骤：

①铅笔稿完成后，涂上服装面料的固有色，用笔灵活留有笔触。

②用比服装面料固有色较深的颜色画出衣纹、褶皱的凹凸关系。如头发、鞋子、帽饰的颜色。

③用较深的颜色，完成细节的刻画，并用白色对衣纹、褶皱等部位稍加提示，加强画面的艺术感觉。

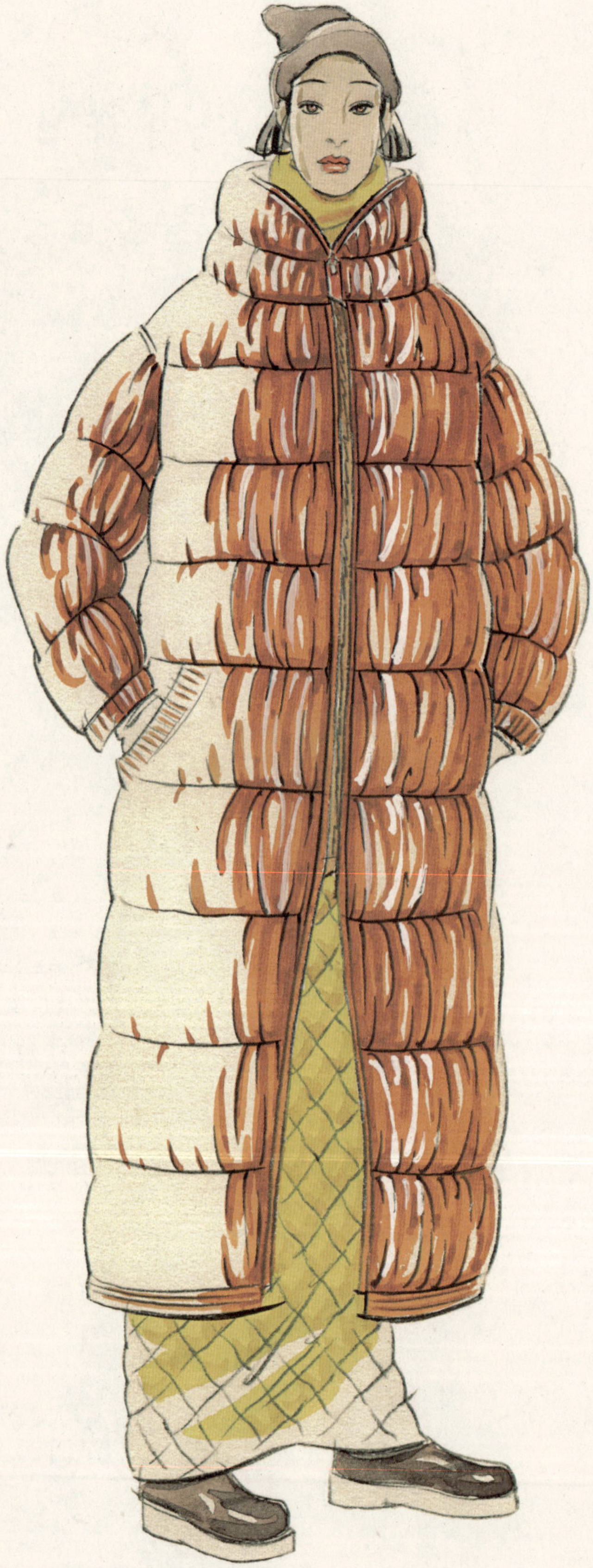

10.14 牛仔类服装

牛仔布属织物中的斜纹织物。面料有厚薄之分。厚的牛仔布，厚重、粗糙感强，质地较硬，风格粗犷。薄的牛仔布分多种多样，悬重性好，手感柔软，适应范围广，各种年龄段的人皆适合。

用涂抹干擦的技法表现牛仔布粗犷的效果，缉明线是其服装最显著的特征。

绘画步骤：

①在线稿完成后，依据款式的结构涂上面料的固有色，留笔触，服装款式的接缝处留下空白。

②趁底色将干未干之时，用手在纸面上稍稍搓，使颜色出现斑驳的纹理。接着涂上面部的颜色。

③用较重的颜色在服装的结构线及转折处勾勒，使画面活泼、生动，并用墨线画好五官等处。

10.15 不同绘画工具及其运用

10.15.1 电脑服装画

电脑服装画主要运用两类软件：Photoshop和Painter。不同的设计软件有不同的工作界面和操作规范，只有多操作与运用，才能得心应手，创作出精美的艺术品，这里主要讲的是Photoshop。

绘画步骤：

①把画稿通过扫描仪扫入电脑，然后结合数位板在Photoshop软件中上色。

Photoshop中可用的画笔很多，并且模拟手绘的效果很强，要结合画稿和自己的需要选择合适的画笔。

②为避免生硬的色彩，给画笔调出一定的透明度。先铺上整体色调，注意把结构线留出。

完成图：在转折处及服装的结构线部位用稍微深的颜色画出，用笔要灵活，增强艺术感染力。深颜色的结构线可以用白色勾出，使暗部周围提亮高光。

10.15.2 水彩

用水彩绘制服装画，应用比较普遍。水彩的特征是透明感强，操作简便、快捷而易出效果。

在服装画中，水彩画常用的表现技法有两种。一种是湿画法，先在纸上刷一遍水，待半干时再上色。这种方法适合画毛衣、毛呢类服装；二是干湿结合的画法，表现各种质地的服装都能取得良好的效果。一般画法是趁湿画服装的大效果，以干笔修饰服装的细节及转折处。干湿结合的画法运用要灵活掌握面料的特征及服装的整体感觉。

该款颜色的服装可分为3个色阶着色，浅色、面料固有色、深色。

绘画步骤：

①淡淡地涂上服装面料的固有色。

②待第一遍底色半干时再接着上浅的颜色，待干。

③用较深的第3色阶颜色修饰服装的结构处。

④画出五官等细节。

10.15.3 水粉

水粉画法是服装效果图最常用的技法。水粉画覆盖力强，依据各人的喜好可以从暗部画到亮部，也可以从亮部画到暗部。服装画中常用的是先画中间调子，然后画亮部、暗部，这样服装款式的结构就会非常清晰。可运用干、湿用笔及其笔触变化来表现面料的肌理，如使用皴擦、点彩、厚薄等画法。

绘画步骤：

①画出面部及身体部位的肤色，然后画裙装的固有色。

②在肤色上画出连衣裙的面料颜色，注意它的透明材质，勾出头发的颜色。

③用白色画出面料的肌理、纹理。并在裙装的层叠处用稍重的颜色涂抹，分出层次。画出鞋子的颜色，最后用墨线勾勒重点部位。

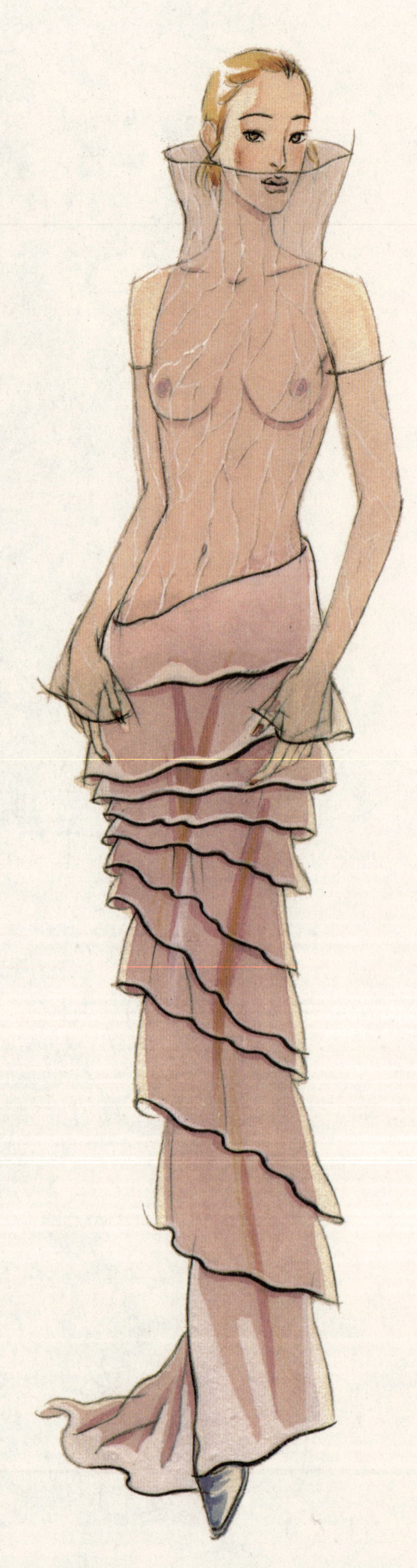

10.15.4 麦克笔

麦克笔有两大类：一类是油性麦克笔；另一类是水性麦克笔。

在服装画中，大多采用水性麦克笔，其特点是颜色透明，使用方便。着色需根据服装的结构特征，用笔要准确、果断、快捷，使画面充满现代感。

绘画步骤：

①用铅笔画出草图，然后依据服装的不同颜色，平涂，涂色时用笔的方向要一致，留出款式结构线。

②阴影处用较深颜色稍作修饰，下笔要灵活，画上面部及四肢的颜色。

③面部，发型稍作细致刻画，再用较细的麦克笔勾画出服装的款式。

玖·布洛克勒赫斯特

玖·布洛克勒赫斯特

10.15.5 粉彩笔

粉彩笔是有色彩的粉笔，是在粉画纸上作粉彩画的工具。

粉彩笔质地松软，便于画大的效果。此图先用炭笔刻画服装款式，然后用粉彩笔画出服装的色彩。用粉彩笔绘画勿必要肯定、爽快，色阶分明，切忌拖泥带水，反复涂抹。

10.15.6 彩色铅笔

用彩色铅笔来画服装效果图大致有两种风格，一种是写实性的，类似素描的表现方法，把人物与服装表现得有立体感、层次感。

另一种是夸张、装饰性的画法，注重画面的整体风格，突出线条的排列和装饰的平面效果。

10.15.7 彩色水溶笔

运用水溶笔绘制服装画，既可刻画入微，又可简略为之。绘画时先用水溶笔依据服装虚实关系涂画，然后根据画面的需要，用毛笔蘸水涂画，这两幅图均是勾线加彩的工笔形式。

10.15.8 彩色纸

彩色纸的表现特点在于利用色纸底色的色彩感。这种底色可以作为画面的补充加以利用。其纸色可分冷、暖两类色，纸质可分粗纹和细纹。设计师可根据需要来选择色纸、纸质，可利用黑、白明度加强效果。着色顺序与在白底上画图的方式恰恰相反，先画亮部后画暗部。

长泽雪

10.15.9 毛笔

用毛笔画服装画，必须掌握毛笔的笔法。笔法的要领：

1.中锋用笔，毛笔垂直在纸面运行；

2.侧锋用笔，毛笔侧卧在纸面上运行。中锋为主，侧锋为辅。中锋为骨，侧锋为肉。灵活多变，千变万化。

用毛笔绘制服装画写意性勾线法与绘画速写的方法基本相同，但侧重点却不一样。写意性勾线法的侧重点在服装的整体造型及艺术气氛。它的效果生动、强烈。描绘时，应抓住服装整体的造型，摒弃细节的刻画。

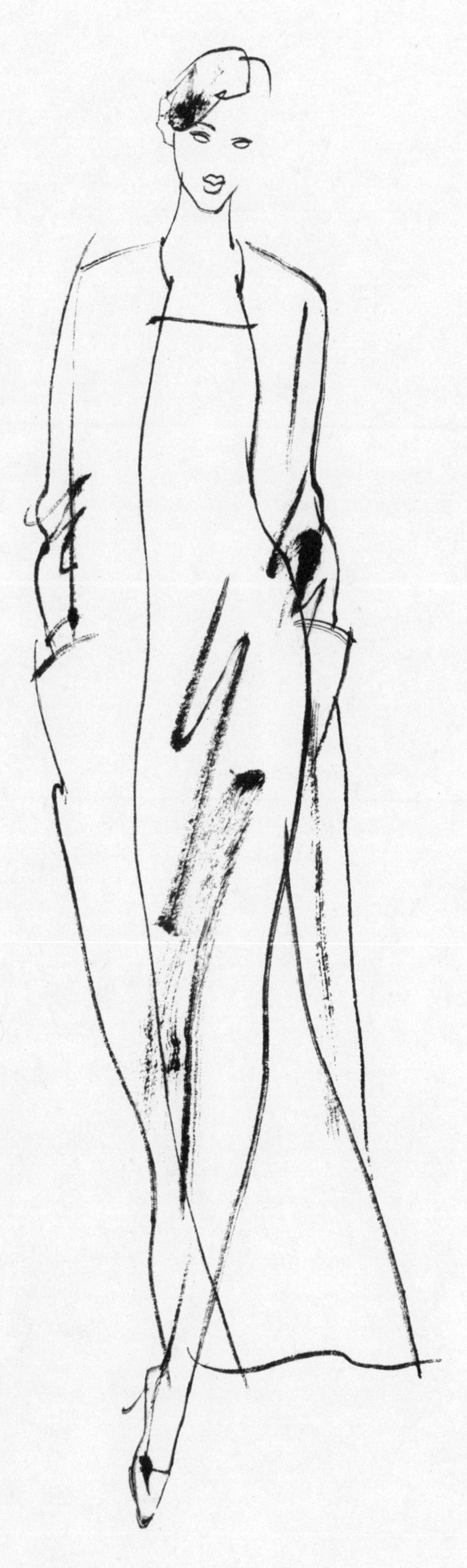

10.15.10 钢笔

钢笔有粗、细之分。线条是钢笔画的基本特征。

用书画钢笔画服装效果图最佳。使用之前，将笔尖掰弯，使用时就能灵活运用，可产生多种变化的线条，给人以丰富的形象美感。用细钢笔线绘成的服装画，给人一种装饰之美。

10.16 各种表现技法

10.16.1 夸张画法

夸张是服装画的重要特征之一，夸张可以更形象、更鲜明地展示服装的款式造型。

所谓夸张，是通过夸大或强调的手法画出人体和服装的主要特征，突出人体姿态美和服装造型美。服装画的夸张有三个方面：人体的比例（特别是三围）、腿部的长度、人体的动态、服装特征，三个方面体现在具体画面时，侧重点各有所不同，主要由服装的特点和画面表现形式来定。

10.16.2 速写画法

这种画法与绘画速写基本相同。但侧重点不太一样，它重概括、简约地表现服装的款式和穿着效果，表现的重点是服装的造型和结构，对于人物的个性、情绪和动态，虽也有一定的要求，但不像绘画速写那样把个性、情绪和动态作为描绘的重点。

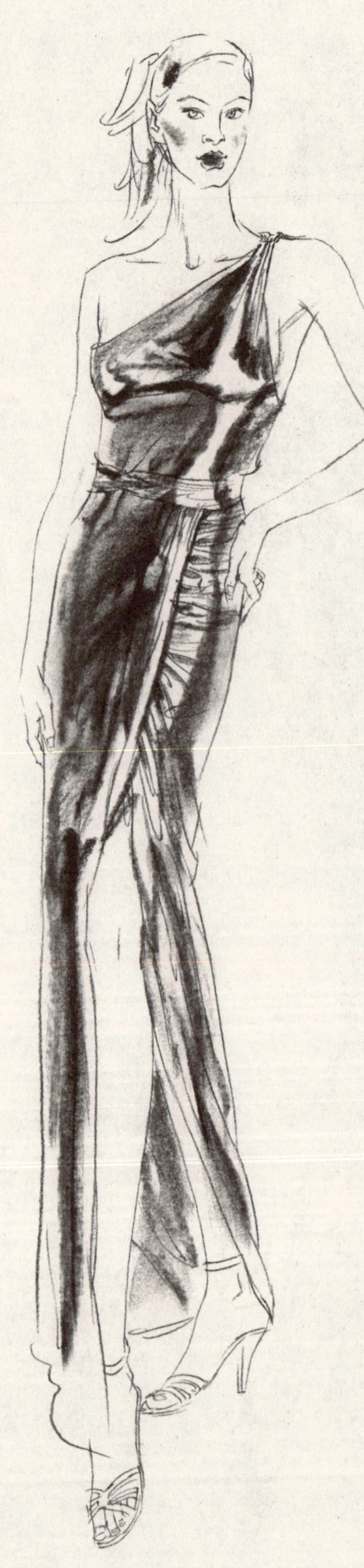

10.16.3 素描画法

素描是服装画的基本功，也是基本表现方法之一。用明暗素描来表现服装的款式和面料的质感，层次感强，立体效果好。

素描采用的工具有铅笔、炭笔等，画后一般使用“固定液”固定。这种方法往往被用来表现皮革和裘皮服装的质感。

学习要点与练习：
→→→→→→→→→→→→→→→→→→→→→→→

本章节主要阐述了服装面料的描绘方法及服装画的各种表现技法。面料的图案与质感的特殊描绘技法以及各种服装画工具的运用与表现手法。以上内容只有与自己独特的绘画“性格”相吻合并勤学苦练，发挥自己的聪明才智，才能找到独特的表现手法——自己的服装画风格。

（1）不同材质面料的服装画练习（四张作业，八开纸）

（2）印花、格子纹面料的服装画练习（两张作业，八开纸）

（3）用各种艺术材质、工具进行服装画练习（六张作业，八开纸）

（4）可以依据第八章留下的两张四开的线稿作业，作最后的总结：找出自己最喜爱的服装画风格，进行模仿改造，并在线稿完整的基础上，依据线稿的风格，相应地上色，形成完整的服装画。

如果能在此基础上，锲而不舍、勤学苦练，自己的服装画风格也就能逐渐形成。

第11章 服装平面图画法

服装平面图是用平面的形式准确无误地反映服装款式、结构、工艺特点的图形。它与效果图的不同之处在于，它无须通过人体来表现，只需表现出服装本身的款式、结构特点及关系。它是设计师将服装款式准确地记录下来的手段，提供给工艺师打版、出样之用，服务于服装工业生产。所以，在绘制平面图时，不能夸张、草率，而应该非常严谨、工整，领口、口袋、纽扣的位置，腰围、肩宽、衣袖等的比例尺寸，缝线的位置、宽窄，都要在平面图中非常详细地绘制出来。

开始学画平面图时，最好把简略人体放在白纸的下面，运用对折法先画前中线，画好一半后，依前中线对称画另一半。这样就能画出一幅精确的平面图。裤子与裙子的画法同上，不同的是腰部的处理，要注意高腰与低腰的区别。

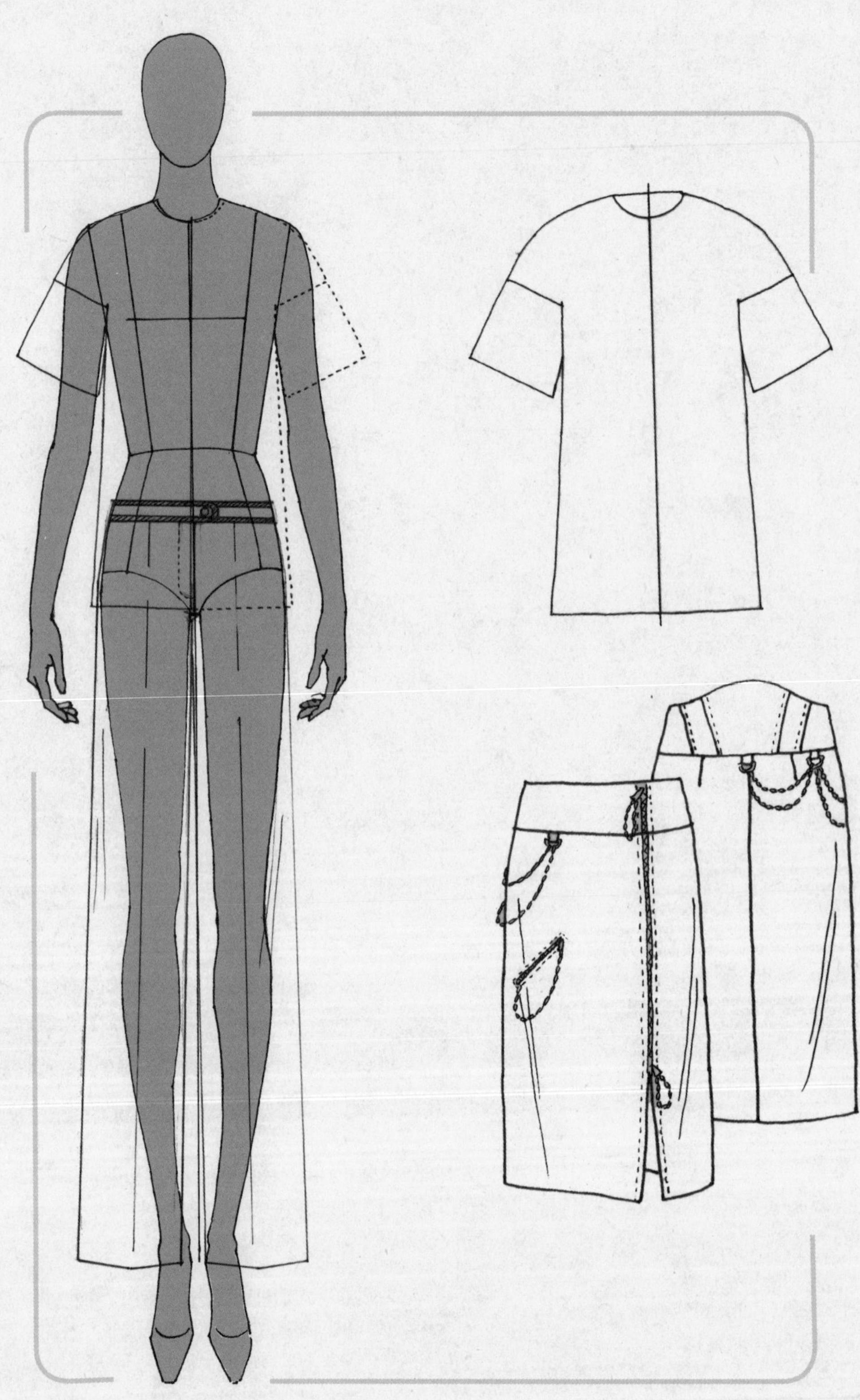

11.1 四种平面图的画法

A.单线平面图

B.单线与阴影结合

C.粗细线结合的平面图

D.表现质感的平面图

11.2 领身

西装领和翻驳领的画法与画T恤一样，要从前中线开始，先画好左边，然后沿中线画另一侧。这样能做到造型的左右对称。

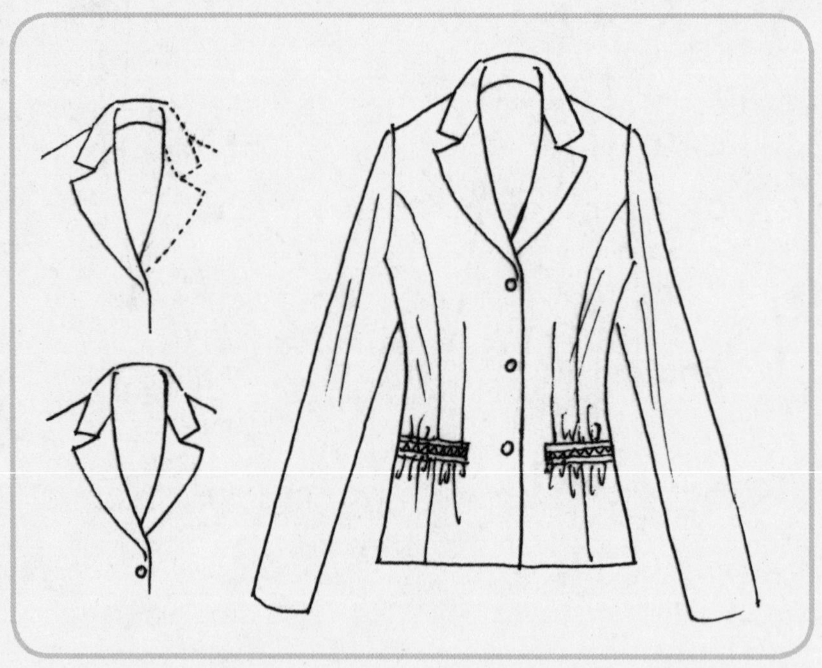

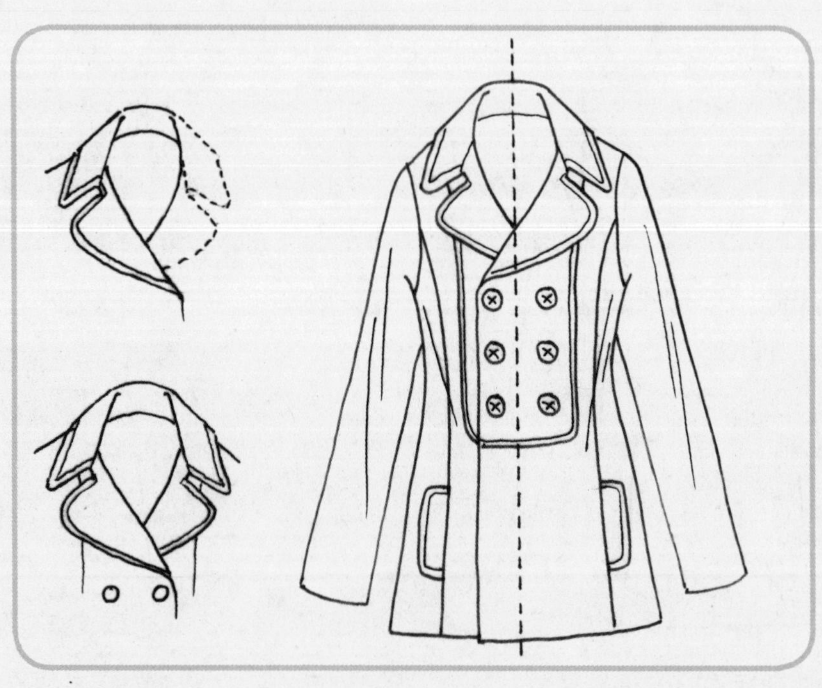

为了整体效果，轮廓线应粗，工艺线应细。

画装饰线时，每个针脚与边缘的距离要相等。有些服饰上的细节可以放大，如口袋、袖子的开衩，还有领身的一些细节。要画好平面图只有多动脑筋、多练习，没有他途。

失岛功

第12章

服装画经典范例

通过欣赏世界各国服装设计师与服装插画师的服装画作品，可以了解服装画的艺术形式与丰富多彩的表现方法，进而了解服装画的发展历史。

WOMEN'S WEAR TREND

Chul-Yong Choi1

Chul-Yong Choi2

Fawn Gehweiler

Giulio Iurissevich

Kalani Lee

Jeff Spokes

WOMEN'S TRENDS

WOMEN'S TRENDS

赛尼娅·波特维尔

史蒂芬·斯蒂皮尔

鲁本·托里多

WOMEN'S TRENDS

埃里克

Sophie Robert

安娜贝拉·沃赫耶

艾迪嘉多·卡罗西亚

杰森·布鲁克斯

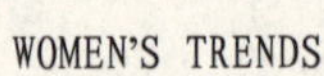
WOMEN'S TRENDS

马茨

WOMEN'S TRENDS

大卫·当顿

矢岛功

Beatrice Sautereau

Beatrice Sautereau

Hiroko Hasegaw

希蒙·雷格诺

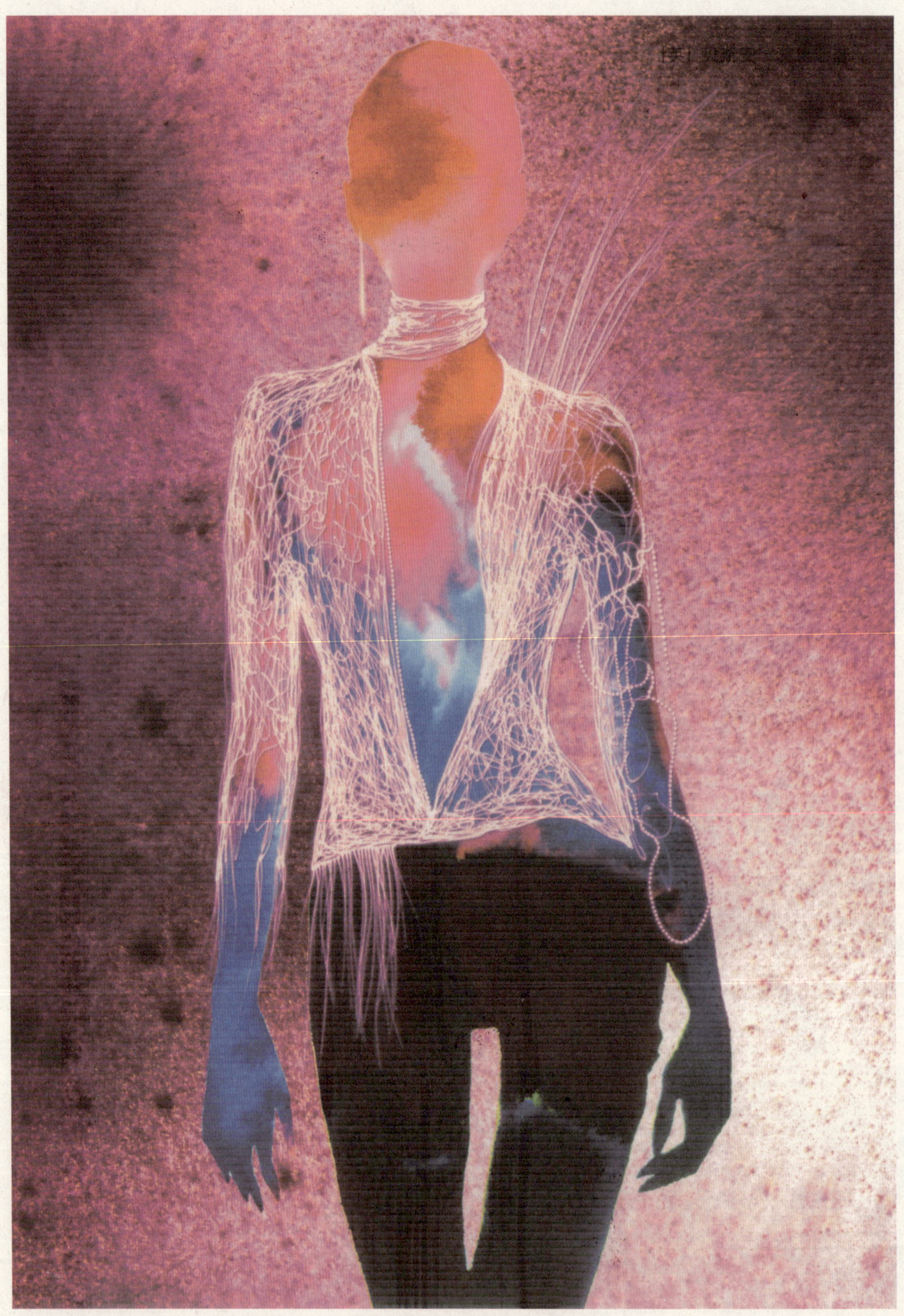

卡里姆·依利亚

菲利普·多尔霍姆

卡利姆·依利亚

菲利普·多尔霍姆

时装推广

佐坦

晚帝文·斯帝皮尔曼

羽鸟由希

莫里·莫罗伊

史蒂文·斯帝皮尔曼

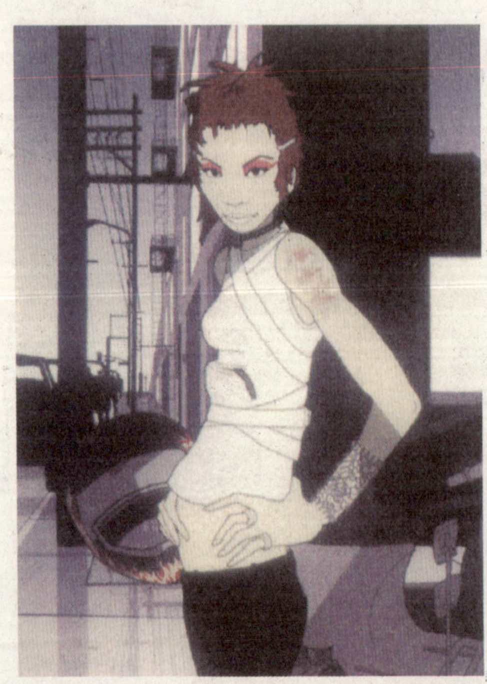

马克思·洛为保罗·史密斯

Toko Ohmori

贾森·布鲁克斯

WOMEN'S TRENDS

马克思·洛为保罗·史密斯

莫里·莫罗伊

麦克尔·库库柏

史蒂文·斯帝皮尔曼

皮尔茨

卡罗塔

路易斯·贾丁内尔

学习要点与练习：

本章节主要让喜爱服装绘画的爱好者和学生欣赏世界各国服装设计师与服装插画师的服装画作品。了解服装画的艺术形式和表现方法是丰富多样的，今天的服装设计师与服装插画是不可避免地要借鉴这些作品以寻找灵感，风格各异而有艺术冲击力的服装画作品能让服装插画师、服装设计者找到与自己心灵相吸的风格，只要大胆模仿，勤学苦练才可能得心应手，从而使得烙上自己风格的服装跃然纸上。

(1) 谈谈服装画的美学特征。

(2) 谈谈服装画与服装设计的内在联系。

(3) 选择自己喜欢的服装画作品临摹、模仿。

后 记

本以为画稿与文字都相当完整，成书应是相当轻松的事情，谁想编排、整理是那么繁琐、复杂。我的粗心大意让帮我整理书稿的几位研究生忙得团团转，但他们任劳任怨，一遍一遍地调整书稿甚至推倒排版重新来做。真得谢谢他们几位：周灵、姚旭等同学。

本书能如此之快地出版，并有焕然一新的版式，这得益于中国纺织出版社的大力支持与帮助。在这里，还要特别感谢校友张程编辑积极而细致的工作！

推荐图书书目：服装类

书　名	作　者	定价（元）
【服装高等教育“十二五”部委级规划教材】		
女装结构设计与产品开发	朱秀丽　吴巧英	42.00
现代服装材料学（第2版）	周璐瑛　王越平	36.00
运动鞋结构设计	高士刚	39.80
新编服装材料学	杨晓旗　范福军	38.00
实用服装专业英语（第2版）	张小良	36.00
【服装高等教育“十二五”部委级规划教材（本科）】		
礼服设计与立体造型	魏静　等	39.80
服装工业制板与推板技术	吴清萍　黎蓉	39.80
【普通高等教育“十一五”国家级规划教材】		
毛皮与毛皮服装创新设计（第2版）	刁梅	49.80
服装舒适性与功能（第2版）	张渭源	28.00
服装品牌广告设计	贾荣林　王蕴强	35.00
服装材料学·基础篇（附盘）	吴微微	35.00
服装材料学·应用篇（附盘）	吴微微	32.00
服饰配件艺术（第3版）（附盘）	许星	36.00
时装画技法	邹游	49.80
化妆基础（附盘）	徐家华	58.00
服装概论（附盘）	华梅　周梦	36.00
服饰搭配艺术（附盘）	王渊	32.00
服装面料艺术再造（附盘）	梁惠娥	36.00
中西服装发展史（第二版）（附盘）	冯泽民　刘海清	39.80
西方服装史（第二版）（附盘）	华梅　要彬	39.80
中国服装史（附盘）	华梅	32.00
中国服饰文化（第二版）（附盘）	张志春	39.00
服装美学（第二版）（附盘）	华梅	38.00
服装美学教程（附盘）	徐宏力　关志坤	42.00
【服装高等教育“十一五”部委级规划教材】		
艺术设计创造性思维训练	陈莹　李春晓　梁雪	32.00
服装色彩学（第5版）	黄元庆　等	28.00
服装流行学（第2版）	张星	39.80
服装商品企划学（第二版）	李俊　王云仪	38.00
首饰艺术设计	张晓燕	39.80
服装买手与采购管理	王云仪	32.00
服饰图案设计（第4版）（附盘）	孙世圃	38.00
服装设计师训练教程	王家馨　赵旭堃	38.00
服装号型标准及其应用（第3版）	戴鸿	29.80
服装流行趋势调查与预测（附盘）	吴晓菁	36.00
服装人体美术基础（附盘）	罗莹	32.00
中国近现代服装史（附盘）	华梅	39.80
服装英语（第三版）（附盘）	郭平建　吕逸华	34.00
服装设计教程（浙江省重点教材）	杨威	32.00
【服装专业双语教材】		
时装设计：过程、创新与实践（附盘）	郭平建 译	45.00
服装生产概论（第二版）（附盘）	［英］库克林	36.00
图解服装概论（附盘）	张玲	38.00元

本科教材

推荐图书书目：服装类

本科教材

书　名	作　者	定价（元）
服装设计师完全素质手册（附盘）	吕逸华 译	34.00
英国经典服装板型（附盘）	刘莉 译	35.00
【国际服装丛书·设计】		
时装设计元素：面料与设计	［英］杰妮·阿黛尔著　朱方龙译	49.80
时装·品牌·设计师——从服装设计到品牌运营	［英］托比·迈德斯著　杜冰冰译	45.00
时装设计元素：结构与工艺	［英］安妮特·费舍尔著　刘莉译	49.80
时装设计元素：拓展系列设计	［英］艾丽诺·伦弗鲁 科林·伦弗鲁 著 袁燕 张雅毅 译	49.80
时装设计元素：时装画	［英］约翰·霍普金斯著　沈琳琳　崔荣荣译	49.80
时装设计元素：款式与造型	［英］西蒙·卓沃斯-斯宾塞	42.00
时装设计	［英］琼斯　张翎 译	58.00
时装设计元素：调研与设计	［英］西蒙·希弗瑞特	49.80
时装设计元素	［英］索格·阿黛尔	48.00
色彩预测与服装流行	［英］特蕾西·黛安	34.00
服装设计实务	［韩］李好定	48.00
人体与服装	［日］中泽愈	35.00
时装设计：过程、创新与实践	郭平建 译	30.00
时装画技法	［德］A. L. ARNOLD 陈仑	40.00
美国经典时装画技法——基础篇	徐迅 译	49.00
美国经典时装画技法——提高篇	［美］史蒂文-斯提贝　尔曼	49.00
服装·产业·设计师（第五版）	苏洁　等译	49.00
【国际服装丛书·营销】		
视觉之旅——品牌时装橱窗设计	［英］托尼·摩根著　陈望译	78.00
视觉营销：零售店橱窗与店内陈列	［英］摩根	78.00
时尚买手	［英］海伦·格沃雷克	30.00
全球最佳店铺设计	［美］马丁·M·派格勒	148.00
店面橱窗设计	［美］缪维	42.00
视觉·服装：终端卖场陈列规划	［韩］金顺九　李美荣	48.00
全程掌控服装营销	［韩］崔彩焕	36.00
服饰零售采购：买手实务（第七版）	［美］杰·戴孟拉	38.00
【国际服装丛书·其他】		
回眸时尚：西方服装简史	［法］格罗	29.80
时尚不死？——关于时尚的终极诘问	［法］多米尼克·古维烈	42.00
定位时尚：服装纺织从业人员职业生涯规划	［英］格沃雷克	32.00
服装设计师创业指南		29.80
服饰美学	叶立诚	38.00
流行预测	李宏伟 译	28.00
服装表演导航	朱迪思-C. 埃弗雷特	29.80
中西服装史	叶立诚	128.00
【法国看时尚·时尚看法国】		
时尚手册（二）服饰配件设计	［法］奥利维埃·杰瓦尔 著　治棋 译	58.00
时尚手册（一）时尚工作室与产品	［法］奥利维埃·杰瓦尔 著　郭平建　肖海燕　姚霁娟 译	58.00
时尚映像——速写顶级时装大师	［法］弗里德里克·莫里 著　治棋　骆巧凤 译	68.00
法国新锐时装绘画——从速写到创作	［法］多米尼克·萨瓦尔 著　治棋 译	49.80